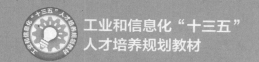

工业和信息化"十三五"
人才培养规划教材

Java 应用开发技术 实例教程

Java Application Development Technology

袁梅冷 李斌 肖正兴 ◎ 主编

人民邮电出版社
北京

图书在版编目（CIP）数据

Java应用开发技术实例教程 / 袁梅冷，李斌，肖正兴主编. -- 北京：人民邮电出版社，2017.8
　工业和信息化"十三五"人才培养规划教材
　ISBN 978-7-115-46185-8

Ⅰ．①J… Ⅱ．①袁… ②李… ③肖… Ⅲ．①JAVA语言—程序设计—高等学校—教材 Ⅳ．①TP312.8

中国版本图书馆CIP数据核字(2017)第168268号

内 容 提 要

本书主要介绍 Java GUI、集合框架、JDBC 数据库编程、多线程、网络编程等 Java 应用开发技术。编者针对相关技术，精心设计、挑选单元实例项目，以单元项目为依托展开相关知识与技术的阐述，还针对重点内容，设计贯穿多个章节的综合项目，重点培养学生的 Java 面向对象技术应用能力与实际项目开发能力。

本书适合掌握了 Java 编程语法基础和面向对象编程技术的读者使用。本书适合作为高等院校计算机科学与技术、计算机软件、计算机应用等相关专业"Java 高级技术""Java 数据库与网络编程"以及"Java 应用系统开发技术"课程的本专科教材，也可作为 Java 技术培训班教材或 Java 软件开发人员的自学教材。

◆ 主　编　袁梅冷　李　斌　肖正兴
　责任编辑　桑　珊
　责任印制　焦志炜

◆ 人民邮电出版社出版发行　北京市丰台区成寿寺路 11 号
　邮编　100164　电子邮件　315@ptpress.com.cn
　网址　http://www.ptpress.com.cn
　三河市海波印务有限公司印刷

◆ 开本：787×1092　1/16
　印张：15.75　　　　　　2017年8月第1版
　字数：363千字　　　　　2017年8月河北第1次印刷

定价：45.00元

读者服务热线：(010)81055256　印装质量热线：(010)81055316
反盗版热线：(010)81055315
广告经营许可证：京东工商广登字 20170147 号

Java 作为一种主流的面向对象程序设计语言，是很多院校计算机专业主要教授的程序设计语言之一。本书针对掌握了 Java 编程语法基础和 Java 面向对象编程技术的读者编写，内容主要涵盖 Java 的一些高级应用技术与特性，包括 Swt 图形用户界面设计、GUI 交互功能设计；Java 的集合框架及应用；Java JDBC 数据库连接技术，基于 MVC 的数据库表格处理；Java 多线程技术；Java TCP/IP 网络编程技术等。本书主要目标是引领学生使用集成开发工具，应用面向对象编程思想与技术，利用 Java 高级特性开发 Java 应用系统，使学生在系统开发过程中熟练掌握企业级开发工具 Eclipse 的使用，掌握应用系统开发的一般方法与技术，深入理解与实践面向对象的编程思想与方法。

本书主要特点如下。

（1）内容安排上，总的原则是注重项目开发能力的培养，不追求知识的大而全，不过多强调理论，而是通过提炼核心内容，围绕实例项目的实现讲解，注重学生实际应用能力的培养，激发学生兴趣。内容模块安排上，本书从整个 Java 技术方向视角进行考虑和设计。本书弱化 Java GUI 设计部分，仅用几个典型单元项目涵盖 Swt GUI 界面设计内容，为后续涉及重点内容的项目开发打下基础，并不深入和细化各个控件的使用；同时突出数据库、线程以及网络编程等重点内容。

（2）结构设计上，突出重点内容的同时，注重知识与技术的综合应用能力。本书实例项目采取"单元项目、综合拓展项目与综合项目相结合"组织方法，针对相关技术，精心设计、挑选单元实例项目，以单元项目为依托展开相关知识与技术的阐述。针对重点内容，设计了贯穿多个章节的综合拓展项目，重点培养学生的 Java 面向对象技术应用能力与实际项目开发能力。

（3）编写风格上，每个单元内容采取"提出单元专题项目、讲解相关知识与技术、实现单元项目"的过程展开，使学生在学习过程中，任务明确、有的放矢、思路清晰、学以致用。

Java 应用开发技术实例教程

本书建议学时为 72 学时加 1 整周实训,课时分配建议如下。

教学单元	主要内容	对应章节	学时(72 学时+1 周实训)
单元 1	Eclipse 开发工具的使用; JavaGUI 及交互设计; 综合训练一	第 1 章、第 2 章	14 学时
单元 2	Java 对象的容纳	第 3 章	8 学时
单元 3	Java JDBC 数据库连接技术; 综合训练二; 表格数据处理; 综合训练三	第 4 章、第 5 章	20 学时
单元 4	Java 多线程	第 6 章	10 学时
单元 5	Java 网络编程	第 7 章	20 学时
单元 6	数据库与网络综合应用实例项目开发	第 8 章	实训(1 周学时)

参与本书编写的教师均具有多年 Java 应用开发和 Java 课程教学经验。主编袁梅冷为"Java 面向对象程序设计"国家精品课程主讲教师、"Java 面向对象程序设计"国家精品资源共享课程项目负责人。第 1~5 章、第 8 章由袁梅冷执笔,第 6 章由李斌执笔,第 7 章由肖正兴执笔。聂哲、杨淑萍为全书的总体设计提出了非常宝贵的意见并担任主审,在此表示衷心的感谢!

编者
2017 年 6 月

目录 CONTENTS

第 1 章 Java GUI 技术与开发工具　1

1.1 Java GUI 技术概述　1
  1.1.1 AWT 技术　1
  1.1.2 Java GUI 技术的里程碑
    ——Swing 技术　2
  1.1.3 Eclipse 平台与 Swt
    /Jface 技术　3
1.2 可视化开发环境安装与配置　4
  1.2.1 JDK 的下载安装　5
  1.2.2 Eclipse 的下载安装　5
  1.2.3 WindowBuilder 的
    下载安装　6
1.3 使用 Eclipse 开发 Java 项目　7
  1.3.1 实例项目简介　7
  1.3.2 创建工程　7
  1.3.3 创建类　8
  1.3.4 运行程序　9
  1.3.5 程序调试　10
  1.3.6 程序打包　12
1.4 使用 Eclipse 编辑器　13
  1.4.1 代码自动生成　13
  1.4.2 代码重构　15
  1.4.3 Eclipse 常用快捷键的使用　15
1.5 实战演练　17

第 2 章 Swt 图形界面程序开发　18

2.1 Swt 程序开发与程序结构分析　18
  2.1.1 第 1 个 Swt 程序简介　18
  2.1.2 了解 WindowBuilder 设计编辑视图　19
  2.1.3 开发第 1 个 Swt 程序　20
  2.1.4 Java Swt GUI 程序基本结构分析　22
2.2 Swt 程序窗体与基本组件的设计　24
  2.2.1 登录程序简介　24
  2.2.2 了解程序窗体与 Swt 基本组件　25
  2.2.3 登录程序的实现　28
2.3 GUI 交互功能设计——事件处理　32
  2.3.1 Java 事件处理机制　32
  2.3.2 事件处理监听器的设计　33
  2.3.3 常用事件监听器　37
  2.3.4 实战演练　39
2.4 使用布局与容器　40
  2.4.1 计算器程序简介　40
  2.4.2 Swt 布局管理与容器的使用　40

2.4.3 计算器程序的实现	46
2.5 工具栏、菜单与对话框	50
2.5.1 文本编辑器程序简介	50
2.5.2 Swt 工具栏设计	51
2.5.3 Swt 菜单设计	55
2.5.4 对话框	56
2.5.5 文本编辑器功能的实现	59
2.6 综合训练一：学生成绩管理系统 V1.0	62
2.6.1 学生成绩管理系统 V1.0 简介	62
2.6.2 登录界面设计	63
2.6.3 管理员子系统主界面设计	64
2.6.4 年级管理与班级管理界面设计	66
2.6.5 学生和教师注册界面设计	67
2.6.6 系统集成	68

第 3 章　Java 对象的容纳　70

3.1 电话簿程序简介	70
3.2 Java 集合框架	71
3.2.1 Java 集合类层次结构	71
3.2.2 Collection 接口与 Iterator 接口	72
3.3 使用 Lists	73
3.3.1 Lists	73
3.3.2 使用 List 实现电话簿程序	73
3.3.3 使用对象持久化保存电话簿联系人对象	77
3.4 使用 Set	78
3.4.1 Set	78
3.4.2 使用 Set 重新实现电话簿程序	78
3.5 使用 Map	80
3.5.1 Map	80
3.5.2 随机数生成性能测试程序	81
3.5.3 使用 Map 实现随机数生成性能测试程序	82
3.6 实战演练	84

第 4 章　网络数据库连接基础　85

4.1 JDBC 技术与数据库开发环境配置	85
4.1.1 JDBC 技术	85
4.1.2 数据库开发环境配置	86
4.2 JDBC 数据库连接基础	88
4.2.1 创建测试数据库	88
4.2.2 JDBC 数据库连接基本步骤	89
4.3 综合训练二：学生成绩管理系统 V2.0	92
4.3.1 项目简介	92
4.3.2 系统数据库与相关数据表的设计	92
4.3.3 通用数据库操作类的设计	93
4.3.4 系统实现	95
4.4 实战演练	101

第 5 章　表格设计与数据处理　103

5.1 表格应用简单实例	103	5.2 创建表格	104

5.2.1	创建与设置 TableViewer	104
5.2.2	创建表格列	105
5.3	表格数据显示	105
5.3.1	创建数据表对应的实体类	105
5.3.2	创建数据生成类	106
5.3.3	在表格中显示数据	107
5.4	表格数据编辑	110
5.4.1	创建表格单元编辑器	110
5.4.2	创建表格单元修改器	110
5.5	表格数据排序	112
5.6	综合训练三：学生成绩管理系统 V3.0	114
5.6.1	项目简介	114
5.6.2	相关数据库表的设计	114
5.6.3	管理员子系统功能实现	116
5.6.4	教师子系统功能的实现	134
5.7	实战演练	141

第 6 章 Java 线程   142

6.1	开发模拟下载程序	142
6.1.1	模拟下载程序简介	142
6.1.2	线程的概念	143
6.1.3	开发模拟下载程序	146
6.2	线程的互斥	149
6.2.1	非线程安全的多线程模拟下载程序	149
6.2.2	线程的互斥相关知识	151
6.2.3	实现线程安全的多线程模拟下载程序	152
6.3	线程的协作	154
6.3.1	带有数据处理功能的模拟下载程序简介	154
6.3.2	带有数据处理功能的模拟下载程序的实现	154
6.3.3	线程的协作机制	158
6.3.4	加入协作机制后的程序实现	160
6.4	实战演练	162

第 7 章 网络编程   163

7.1	网络编程的基本知识	163
7.1.1	网络协议	163
7.1.2	机器标识	164
7.1.3	服务器和客户机	164
7.1.4	端口	164
7.1.5	套接字	165
7.2	基于 TCP 协议的简单聊天系统	165
7.2.1	Java 的网络编程类	165
7.2.2	服务器和客户端的连接过程	165
7.2.3	简单聊天系统	166
7.2.4	多线程的运用	170
7.2.5	实战演练	171
7.3	基于 TCP 协议的多客户—服务器信息交互系统	171
7.3.1	实现多客户连接的原理	171
7.3.2	服务器端客户连接线程	171
7.3.3	服务器端收发信息线程	172
7.3.4	服务器端【开始监听】功能实现	173
7.3.5	多客户—服务器信息交互系统	173
7.4	基于 TCP 协议的多客户信息广播系统	174
7.4.1	客户—服务器之间需要	

　　　　传送的信息内容　　175
　　7.4.2　客户—服务器协议
　　　　（信息格式）的约定　175
　　7.4.3　信息的分离、存储与
　　　　显示　　　　　　　176
　　7.4.4　服务器端功能结构　177
　　7.4.5　服务器端功能实现　178
　　7.4.6　客户器端功能结构　183
　　7.4.7　客户器端程序实现　184

　　7.4.8　实战演习　　　　187
7.5　基于 UDP 协议的网络
　　连接　　　　　　　　　188
　　7.5.1　UDP 协议基础　　188
　　7.5.2　基于 UDP 协议的多客户
　　　　—服务器连接系统　189
　　7.5.3　实战演习　　　　193

第 8 章　数据库与网络编程综合应用实例　194

8.1　EasyGo 系统简介　　　194
8.2　EasyGo 系统数据库
　　设计　　　　　　　　　195
8.3　主控模块界面设计与
　　登录功能实现　　　　　196
　　8.3.1　工程创建与系统登录
　　　　界面设计　　　　　196
　　8.3.2　主控模块界面设计　197
　　8.3.3　系统登录功能实现　201
8.4　社交模块基本功能的
　　实现　　　　　　　　　203
　　8.4.1　数据库连接类的设计　203
　　8.4.2　群组与用户信息的显示　204
8.5　义工活动模块的设计
　　与实现　　　　　　　　208
　　8.5.1　义工活动表格数据的
　　　　显示与修改　　　　208
　　8.5.2　义工活动【加入群聊】
　　　　功能的实现　　　　211
　　8.5.3　义工活动发布的实现　212
8.6　信息公告模块的设计
　　与实现　　　　　　　　214
　　8.6.1　信息公告表格数据

　　　　的显示　　　　　　214
　　8.6.2　信息公告的发布实现　216
　　8.6.3　信息公告修改的实现　218
8.7　用户注册界面的设计
　　与实现　　　　　　　　220
8.8　用户数据界面的设计
　　与实现　　　　　　　　224
8.9　邮箱验证的设计
　　与实现　　　　　　　　228
　　8.9.1　验证界面的实现　　228
　　8.9.2　验证功能的实现　　230
8.10　网络连接的设计
　　与实现　　　　　　　　232
　　8.10.1　网络连接的实现方式　232
　　8.10.2　网络连接的实现过程　232
　　8.10.3　网络连接交互的逻辑
　　　　实现　　　　　　　234
8.11　系统托盘的基本原理
　　及实现　　　　　　　　239
　　8.11.1　系统托盘的基本原理　239
　　8.11.2　系统托盘的实现　　239

参考文献　　　　　　　　　243

第 1 章 Java GUI 技术与开发工具

本章要点

- Java GUI 技术概述；
- Eclipse WindowBuilder 开发环境的安装与配置；
- 使用 Eclipse 开发 Java 项目的步骤与方法；
- Eclipse 编辑器的使用。

随着基于图形用户界面（Graphical User Interface，GUI 即"图形用户接口"）的操作系统问世，GUI 就成为了用户与计算机程序交互的一种重要方式。图形用户界面以各种图形化的方式显示程序操作界面，极大地方便了用户的使用，得到了迅速的普及。各种编程语言相继推出并发展 GUI 接口技术，支持 GUI 编程。GUI 技术成为桌面应用开发研究的一项不可或缺的重要内容。本章将介绍在 Java GUI 发展过程中出现的 AWT、Swing 以及 Swt/Jface 开发技术，使读者对 Java GUI 技术有个初步了解；并在此基础上，介绍 Eclipse WindowBuilder 开发环境的安装、配置以及 Eclipse 工具的使用。

1.1 Java GUI 技术概述

1.1.1 AWT 技术

抽象窗口工具包（Abstract Windowing Toolkit，AWT）是 1995 年随着 Java 的第一个版本推出的图形用户界面开发包。AWT 可以用于构建运行于浏览器中的 Java Applet 和 Java 桌面应用的图形用户界面。AWT 技术的设计也遵循 Java 技术的"一次编写，到处运行"的特性。然而，AWT 并没有像 Java 技术本身那样一开始就受到青睐，而因为其自身的缺陷和功能弱未能被广泛应用。

AWT 体系采用了对等设计模式，即通过 Java 虚拟机和 Windows GDI 的接口（以 Windows 为例子）将 awt 控件直接对应到运行平台上的一个类似或者等同控件上。这样 awt 首先需要经过通用的 Java 技术来控制图形、事件等，然后 Java 虚拟机再将请求传送到具体的平台图形和控件接口去交互。对等模式技术的应用使得 AWT 工具集必须使用所有图形操作系统的图形接口功能的交集，即所有系统都能够支持的最少特性。AWT 的实现机制如图 1.1 所示。

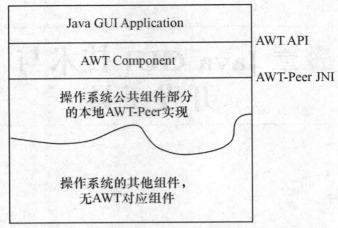

图 1.1　AWT 组件实现机制

AWT 组件的实现机制直接导致了 AWT 组件存在组件少而缺乏特性，在很大程度上制约了 Java 在桌面系统方面的应用。事实上，AWT 技术并未真正流行过，也早已成为历史。

1.1.2　Java GUI 技术的里程碑——Swing 技术

Swing 技术是 1998 年发布的 JFC 的一部分，是一个以 AWT 为基础，但进行了巨大改进的 Java GUI 开发包。应该说 Swing 开发包的推出是 Java GUI 发展过程中的一个里程碑。相比 AWT 技术，Swing 技术有很多的优势，主要体现在下面几个方面。

（1）采用了新的组件实现机制。除了顶层容器外，Swing 采用了一种不依赖平台的实现方法，即完全使用 Java 实现相关组件，组件丰富且使用灵活，不受平台限制，因此，通常称 Swing 为轻量级组件。实现机制如图 1.2 所示。

图 1.2　Swing 组件实现机制

（2）支持可更换的 Look And Feel（观感与主题），即可以更换界面"皮肤"。Swing 组件的实现机制，使得使用 Swing 组件开发的图形界面具有可更改默认界面显示外观的特性，可以动态地改变界面外观。事实上，除了 Swing 开发包中提供的 Metal、Motif 与 Windows 界面样式外，还可以使用第三方开发的界面外观样式，也可以自己开发个性化的外观样式。

（3）Swing 组件的设计中大量使用了 MVC 设计模式。这种设计方式大大提高了 Swing 的灵活性，但同时也增加了组件使用的难度。

Swing 相比 AWT 的优势是显而易见的，但最终仍然没能使 Java 成为构建桌面应用程序的优秀工具。究其原因，主要由两个方面造成的。

（1）Swing 组件轻量级的设计方式，导致执行速度较慢，使 Swing 应用程序整体感觉比本地应用程序响应慢。

（2）Swing 功能强大，但过于复杂。使用 Swing 能开发出很好的程序界面，但需要开发者技术精湛，能很好地理解 Swing 组件体系。

1.1.3 Eclipse 平台与 Swt/Jface 技术

Eclipse 是一个最早由 IBM 开发的基于 Java 的可扩展开发平台，后被 IBM 捐赠出来，成为一个备受欢迎的开放源代码工具。Eclipse 的核心由一个开放式的框架和一些服务构成。开发人员可以通过插件机制根据需要灵活构建自己需要的开发环境。Eclipse 的平台体系如图 1.3 所示。

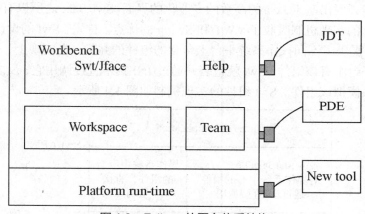

图 1.3 Eclipse 的平台体系结构

1. 平台

平台（Platform）运行时环境（Platform run-time）是 Eclipse 的内核，它的主要任务是在 Eclipse 启动时检查已安装了哪些插件，并创建关于它们的注册表信息。除内核外，Eclipse 的其他特性都是作为插件加载来实现的。

2. 工作台

工作台（Workbench）是 Eclipse 提供给用户使用的工作界面，Eclipse 的工作台是使用 Swt/Jface 构建的。

3. 工作区

工作区（Workspace）是指用户开发项目时的存储和管理资源的工具，用户资源包括用户创建的项目和项目中的其他文件资源等。如果其管理的资源信息发生变更，工作区会通知其他插件。

4. 团队支持

团队支持功能负责提供版本控制盒配置管理支持。它根据需要添加视图，以允许用户与所使用的任何版本控制系统交互。

5. 帮助

为了与 Eclipse 插件功能特性相适应，Eclipse 的帮助系统提供一个附件的导航结构，允许以 HTML 文件的形式添加文档，具有与 Eclipse 平台本身相当的可扩展能力。

6. 默认插件

Eclipse 基本平台默认提供了 Java 开发工具集 JDT 和插件开发环境 PDE。JDT 提供了开发 Java 程序所需的功能和工具，PDE 则为开发 Eclipse 的插件提供了环境支持。

Swt（Standard Widget Toolkit）是来自 IBM Eclipse 开源项目的一个标准窗口部件库。Swt 在 Eclipse 平台中扮演了一种极其重要的作用并成为 Eclipse 项目中的一个亮点。Eclipse 工具的界面本身是基于 Swt/Jface 技术开发的，是 Swt/Jface 技术应用的一个经典案例。

无疑，Swt/Jface 在 Eclipse 中的优异表现将 Java GUI 推进到了一个新的阶段。采用 Swt/Jface 技术能开发出基于 Java 的高效的专业化的界面。Swt/Jface 之所以有如此好的表现，主要是因为 Swt 的实现机制吸收了 AWT 和 Swing 的优点。首先，Swt 的设计采用了"最小公倍数"原则，提供了不同操作系统平台上包含的组件的并集。在实现上，遵循的原则为：如果操作系统平台中有该组件，Swt 就包装并通过 JNI 技术直接调用它；反之，就使用 Java 直接进行绘制来模拟该组件。Swt 组件的实现机制如图 1.4 所示。

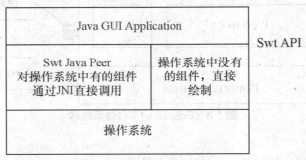

图 1.4 Swt 组件实现机制

Jface 是基于 Swt 组件，采用 MVC 模式对组件进行了封装而形成的一个新的类库。该类库中包含一些高级控件，大大简化了采用 Swt 开发 Java 图形用户界面的难度，提高了开发效率。

通常，我们在 Eclipse 平台中采用 Swt/Jface 开发 Java GUI 应用程序时，会安装一个可视化开发插件来简化程序图形用户界面的开发。目前最为流行的是 WindowBuilder（前身为 Swt Designer）可视化插件。本书采用 WindowBuilder 作为 Swt/Jface 的可视化开发工具，书中所有程序的界面均采用 WindowBuilder 完成开发。

1.2 可视化开发环境安装与配置

构建基于 WindowBuilder 的 Swt/Jface 可视化 GUI 开发环境需要 Java JDK（Java Development Kit，Java 开发工具包）、Eclipse 集成开发工具以及 WindowBuilder 可视化化开发插件等软件（数据库开发环境配置参见教材第 4 章）。本教材采用的各软件版本如下。

- Java JDK1.6：Eclipse 平台是开放式的开发工具，本身不提供 JDK，需要根据需要安装相应版本的 Java JDK，本教材采用 JDK1.6 版本。

- Eclipse 3.7：Eclipse 官方网站不断对 Eclipse 平台工具进行更新，针对不同的操作系统与不同的开发要求，可以选择不同的 Eclipse 版本，本教材使用目前稳定性最好的 Eclipse 3.7 indigo 版本。
- WindowBuilder pro1.5.0：教材采用该版本实现可视化 GUI 的开发。

1.2.1 JDK 的下载安装

JDK 的下载地址为：http://www.oracle.com/technetwork/java/javase/downloads/index.html。打开网址，找到需要的 JDK 版本，单击 JDK DOWNLOADS，进入图 1.5 所示的 JDK 下载页面。选择相应的版本下载。

Java SE Development Kit 8u111

You must accept the Oracle Binary Code License Agreement for Java SE to download this software.

○ Accept License Agreement ◉ Decline License Agreement

Product / File Description	File Size	Download
Linux ARM 32 Hard Float ABI	77.78 MB	jdk-8u111-linux-arm32-vfp-hflt.tar.gz
Linux ARM 64 Hard Float ABI	74.73 MB	jdk-8u111-linux-arm64-vfp-hflt.tar.gz
Linux x86	160.35 MB	jdk-8u111-linux-i586.rpm
Linux x86	175.04 MB	jdk-8u111-linux-i586.tar.gz
Linux x64	158.35 MB	jdk-8u111-linux-x64.rpm
Linux x64	173.04 MB	jdk-8u111-linux-x64.tar.gz
Mac OS X	227.39 MB	jdk-8u111-macosx-x64.dmg
Solaris SPARC 64-bit	131.92 MB	jdk-8u111-solaris-sparcv9.tar.Z
Solaris SPARC 64-bit	93.02 MB	jdk-8u111-solaris-sparcv9.tar.gz
Solaris x64	140.38 MB	jdk-8u111-solaris-x64.tar.Z
Solaris x64	96.82 MB	jdk-8u111-solaris-x64.tar.gz
Windows x86	189.22 MB	jdk-8u111-windows-i586.exe
Windows x64	194.64 MB	jdk-8u111-windows-x64.exe

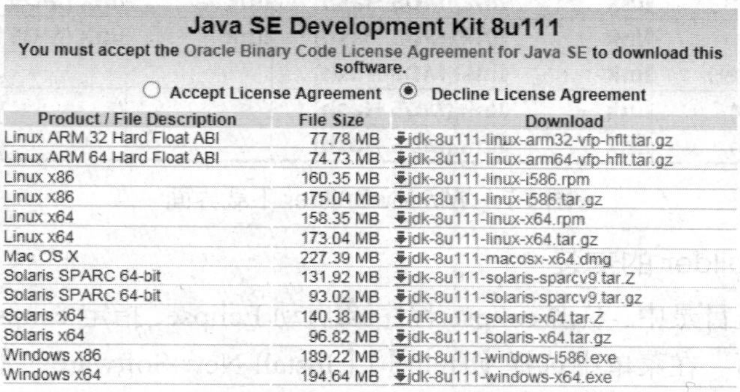

图 1.5 JDK 下载界面

下载 JDK 后，双击 JDK 程序，按照安装向导指示进行 JDK 的安装。为了配置方便，通常将 JDK 安装在 C 盘的根目录下。

1.2.2 Eclipse 的下载安装

Eclispe 的下载地址为：http://www.eclipse.org/downloads/packages/release/Mars/2。下载界面如图 1.6 所示。选择下载 Eclipse IDE for Java Developers 版本，本教程使用 Eclipse 4.5。

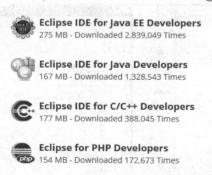

图 1.6 Eclipse 下载页面

Eclipse 的安装为绿色安装，将下载的压缩包直接解压到指定目录就可以了。

1.2.3 WindowBuilder 的下载安装

1. WindowBuilder 下载

WindowBuilder 的下载地址为：http://www.eclipse.org/windowbuilder/download.php。下载界面如图 1.7 所示，选择下载 eclipse 4.5 对应的版本。

Update Sites

Eclipse Version	Release Version		Integration Version	
	Update Site	Zipped Update Site	Update Site	Zipped Update Site
4.7 (Oxygen)			link	
4.6 (Neon)	link		link	
4.5 (Mars)	link	link (MD5 Hash)	link	link (MD5 Hash)
4.4 (Luna)	link	link (MD5 Hash)	link	link (MD5 Hash)
4.3 (Kepler)	link	link (MD5 Hash)		
4.2 (Juno)	link	link (MD5 Hash)		
3.8 (Juno)	link	link (MD5 Hash)		

图 1.7 WindowBuilder 下载界面

2. WindowBuilder 的安装

在 Eclipse 解压目录中，双击 eclipse 程序启动 Eclipse，指定 eclipse 的 Workspace 后，打开 Eclipse 主界面。在菜单中选择【Help】|【Install New Software…】|【Add】后，弹出图 1.8 所示窗口。在窗口的 Name 输入框中填入：windowbuilder；单击 Location 输入框右边的【Archive…】，选择 WB_v1.8.0_UpdateSite_for_Eclipse4.5.zip 文件，选择打开进行安装。

WindowBuilder 安装完后，需要重新启动 Eclipse 才生效。重新启动后，选择菜单【File】|【New】|【Other…】，在弹出的窗口（见图 1.9）中的看到 WindowBuilder 的节点，表明 Windowbuilder 安装成功。

图 1.8 WindowBuilder 安装窗口

图 1.9 WindowBuilder 安装成功窗口

第 1 章 Java GUI 技术与开发工具

1.3 使用 Eclipse 开发 Java 项目

Eclipse 默认自带一个 Java 开发工具（Java Development Tools，JDT），使用 JDT 可以进行 Java 程序的开发、编译、调试与运行。

1.3.1 实例项目简介

本节以一个计算两浮点数加、减、乘、除运算的控制台程序为例，介绍在 Eclipse 中创建 Java 工程、编写 Java 类、运行调试 Java 程序的基本方法和步骤。

程序中两浮点型操作数以 main 方法的参数方式输入，运行结果在 Eclipse 中的控制台输出。如：输入两操作数为"89 56"，控制台中输出结果如图 1.10 所示。

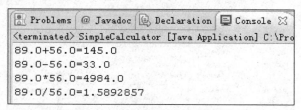

图 1.10　实例控制台输出结果

1.3.2 创建工程

Eclipse 中的程序以工程方式进行组织，所以首先应当创建一个工程。单击菜单【File】|【New】|【Java Project...】，在弹出的新建工程窗口中，填入工程名"Test"，其他采用默认选项，单击【Finish】按钮，完成工程的创建，如图 1.11 所示。

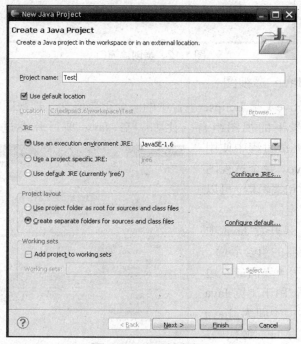

图 1.11　工程创建窗口

1.3.3 创建类

1. 在工程中创建 Java 类

单击菜单【File】|【New】|【Class】，弹出类创建窗口如图 1.12 所示。在窗口中填入类名为"SimpleCalculator"，并根据要求在窗口对应处选择或填写类的各项特性。勾选 public static void main(String [] args)复选项。单击【Finish】按钮，完成类的创建。

图 1.12 类创建窗口

2. Eclipse 的 Java 透视图

透视图（Perspective）是 Eclipse 平台中的一个重要概念。透视图可以理解为项目不同的角度或不同的场景下的视图组合。比如，在 Java 项目开发过程中使用的是 Java Perspective，在项目调试过程中使用的是 Debug Perspective。每个透视图包含一个或多个视图和编辑器，可以根据需要和习惯进行定制。

Java Perspective 是开发 Java 项目时所有视图和编辑器的组合界面，其构成如图 1.13 所示。界面最左边为 Java 工程结构视图，用于浏览 Java 项目的各资源与文件；中间为 Jjava 类编辑视图，用于编写 Java 源代码；右边为大纲 Outline 视图，展示了当

图 1.13 Eclipse 的默认 Java Perspective

前被编辑的类的结构；界面下边一般由 Problems、Console 以及 Javadoc 等视图构成。

3. 编写类代码

成功创建 Java 类后，可以直接在类源代码编辑窗口中编写类代码。参照下面代码为类 SimpleCalculator 添加成员变量、构造器方法以及成员方法。

```java
public class SimpleCalculator {
    private float value1;
    private float value2;

    public static void main(String[] args) {
        float value1=0;
        float value2=0;
        if(args.length>=2){
            value1=    Float.parseFloat(args[0]);
            value2=Float.parseFloat(args[1]);
        }
        else{
            System.out.println("请输入两个操作数");
            return ;
        }
        SimpleCalculator calculator = new SimpleCalculator(value1, value2);
        calculator.printResult();
    }

    public SimpleCalculator(float value1, float value2) {
        this.value1 = value1;
        this.value2 = value2;
    }

    public void printResult() {
        float addResult = value1 + value2;
        float subResult = value1 - value2;
        float multiResult = value1 * value2;
        float divResult = value1 / value2;
        System.out.println(value1 + "+" + value2 + "=" + addResult);
        System.out.println(value1 + "-" + value2 + "=" + subResult);
        System.out.println(value1 + "*" + value2 + "=" + multiResult);
        System.out.println(value1 + "/" + value2 + "=" + divResult);
    }
}
```

1.3.4 运行程序

Eclipse 采用编辑时即时编译机制，没有为 Java 程序提供专门的编译过程。因此，写好的含有 main 方法的 Java 程序可以直接运行。可以通过菜单、工具条或快捷键的方式运行程序。下面以工具条命令选项的方式介绍运行程序的过程。

参见图 1.14，单击工具条上的 ◯ ▼ 右边的向下箭头，选择【Run Configurations…】，弹出运行配置窗口如图 1.15 所示。

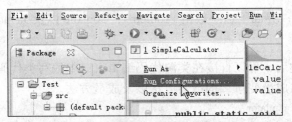

图 1.14　工具条上的运行配置选项

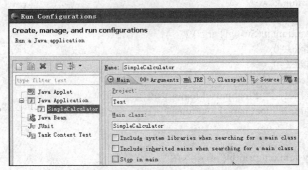

图 1.15　程序运行配置界面

在窗口左边视图中选中进行运行配置的项目，窗口右边将以选项卡的方式给出项目运行的相关配置页面。其中，Main 选项卡页面用于指明项目运行入口类，即含 main 方法的类，如图 1.16 所示；(x)=Arguments 选项卡页用于输入程序运行时的命令行参数。本例中，输入两个浮点数，如图 1.16 所示。

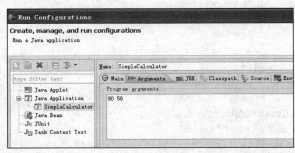

图 1.16　Java 项目运行配置(x)=Arguments 选项卡界面

完成运行配置后，单击窗口下方的【Run】按钮，程序运行，运行结果将显示在 Java Perspective 界面下方的控制台视图中。

当不需要对项目进行特别的运行配置时，可以选中项目中含 main 方法的类，直接单击工具条中的运行按钮，或者单击鼠标右键，选中【Run】直接运行程序。

1.3.5　程序调试

Eclipse 工具与其他的集成开发工具一样，为程序提供了调试工具，以帮助检查程序中的各种逻辑错误。在 Eclispe 中进行程序调试的一般遵循以下步骤。

1. 打开 Debug 透视图

Debug Perspcetive 是指 Eclipse 程序调试界面，由多个视图构成。单击 Eclipse 窗口右

上角的【Open Perspective】|【Debug】，如图 1.17 所示，即可打开程序调试界面。

图 1.17　选择打开 Debug Perspective

2. 设置断点

Eclipse 调试界面如图 1.18 所示，在 SimpleCalculator 类的源代码视图中，设置断点。方法为在代码行前双击，或者单击右键，在上下文菜单中选择【Toggle Breakpoint】。

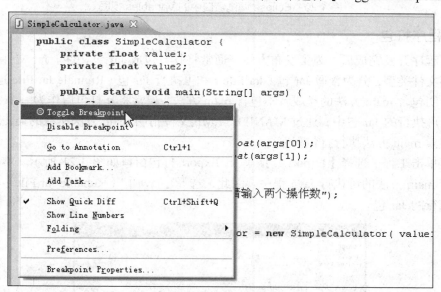

图 1.18　断点设置

3. 启动程序调试

与程序运行一样，可以通过菜单、快捷键以及工具栏中的选项等方式启动调试。本实例中因需要输入两个操作数，因此，还需要进行调试配置。单击工具栏中 图标右边的向下箭头，选择【Debug Configurations…】，在弹出的调试配置窗口中配置调试参数，方法参照程序运行配置。

程序运行到断点处会停止运行，这时可以开始对程序进行单步跟踪运行。在调试界面的 Debug 视图中，单击 Step Into（或使用快捷键 F5）、Step Over（或使用快捷键 F6）对程序进行逐行或按方法进行运行调试，如图 1.19 所示。

图 1.19 单步调试

在调试过程中,窗口右边的 Variables 视图中可以观察到程序中各变量的值,如图 1.20 所示。根据调试过程中程序运行状况以及各变量值进行分析,查找程序逻辑错误,对程序进行相应的修正,完成程序的调试。

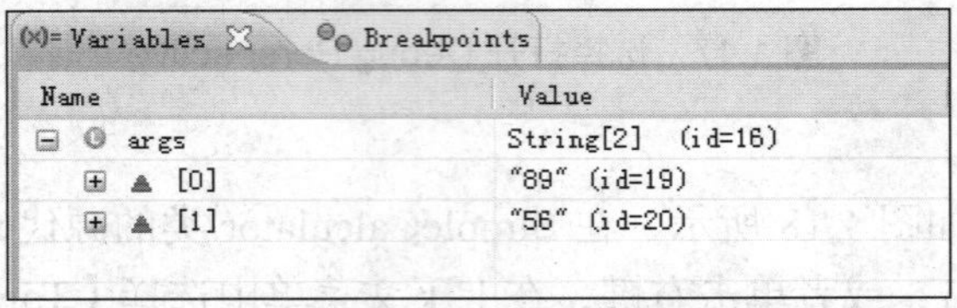

图 1.20 Eclipse 调试窗口中的 Variables 视图

1.3.6 程序打包

Java 程序开发完成后,为了发布方便,通常将其打包成 Jar 包文件。Jar 文件是一种特殊的归档文件类型,分为普通 Jar 包(Jar File)和可执行 Jar 包(Runnale Jar File)。普通 Jar 包中不指明包含 main 方法的类或者不包含 main 方法,通常将其打包后作为一个 Java 类库使用。在可执行的 Jar 包中,通过 MANIFEST.MF 文件指明 main 方法所在的类,Java 虚拟机通过搜索 main 方法执行打包程序。

右键单击工程,选择【Export…】,弹出 Export 打包窗口如图 1.21 所示。本实例程序是一个带 main 方法的可执行 Java 程序,因此,选择【java】|【Runable Jar File】将程序打包成可执行的 Jar 包。

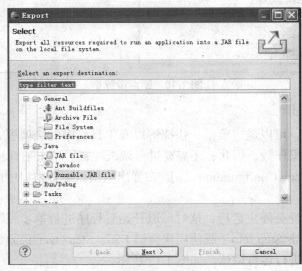

图 1.21 Export 窗口

选择 Export 窗口中【Next】按钮，弹出图 1.22 所示窗口。在窗口中的 Launch configuration 项中选择程序的运行配置；在 Export Destination 中指定 Jar 文件的目标路径和打包文件名；在 Liberary Handling 选项中选择第 2 项，单击【Finish】按钮，完成文件的打包。

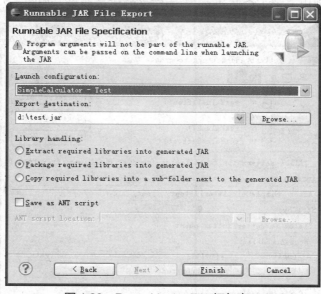

图 1.22　Runnable Jar File 打包窗口

需要注意的是，窗口中给出了信息提示，该实例需要通过 main 方法的参数输入两个操作数，因此不能直接双击打包文件运行程序，而是要在 Dos 命令行形式下运行该程序。打开 Dos 命令行窗口，按图 1.23 所示方法运行 test.jar 包。

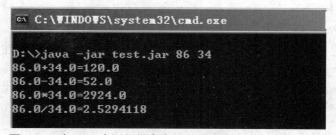

图 1.23　在 Dos 中运行带命令行参数输入的可执行 Jar 文件

1.4　使用 Eclipse 编辑器

Eclipse 为开发者提供了功能强大的 Java 程序代码编辑器，熟练掌握编辑器的使用，可协助开发者更有效地编写 Java 应用程序，提高程序开发效率。

1.4.1　代码自动生成

对一些标准的或格式化的代码，可以使用 Eclipse 的自动代码生成功能。打开一个 java 文件，在空白处单击鼠标右键，在弹出的上下文菜单中选择【Sourse】或直接单击 Eclipse 菜单栏的【Sourse】菜单项，可以看到 Eclipse 默认提供了很多的自动代码生成功能和格式化功能。

为 1.3 节中 Test 工程的 SimpleCalculator 类自动生成 getter 和 setter 代码的方法如下。

打开 SimpleCalculator 类文件，选择菜单【Sourse】|【Generate Getters and Setters...】，在弹出的窗口中将列出 SimpleCalculator 类中定义的成员变量，如图 1.24 所示。

图 1.24 自动生成 getter 和 setter 方法的窗口

勾选要生成的 getter 和 setter 方法，并根据需要选择方法的其他特性，单击【OK】。在编辑器中将自动生成如下代码。

```java
public float getValue1() {
    return value1;
}
public void setValue1(float value1) {
    this.value1 = value1;
}
public float getValue2() {
    return value2;
}
public void setValue2(float value2) {
    this.value2 = value2;
}
```

此外，还可以自动生成的代码包括类的构造方法、重写或实现父类或接口中的方法、toString()方法、hashCode()和 equals()方法，以及异常处理代码块。

1.4.2 代码重构

重构是指在保持程序全部功能的基础上改变程序结构的过程。重构的类型有很多，如更改类名，改变方法名，从类中抽象出接口等等。每一次重构，都要执行一系列的步骤，这些步骤要保证代码和原代码相一致。如果采用手工重构，很容易引入错误或者漏掉一些步骤，造成代码的混乱，尤其是对于复杂项目，手工重构几乎是一项无法忍受的工作。

Eclipse 为 Java 项目提供了强大的自动重构工具，支持 Java 项目、类以及类成员的多种类型的自动重构。从整体上看，Eclipse 中的重构分为三大类型。

（1）改变代码物理结构的重构，如对项目元素进行 Rename 或 Move 操作。

（2）在类层次上改变代码结构的重构，如将类成员进行 Push Down 或 Pull up 操作，即将类成员从父类中直接移到它的子类或者将其从子类中上移到其父类中。

（3）改变类内部代码的重构，如对方法进行的 Extract Method 操作，即将方法中的某段代码提取为单独的方法。

对 Java 项目中的某元素进行重构的一般方法是先选中这些元素，再从菜单中选择要进行的重构操作。

将 SimpleCalculator 类中 printResult()方法中的 addResult 变量改名为 resultOfAdd 的方法如下。

鼠标双击 addResult 变量，使其高亮度显示，单击右键，在弹出的菜单中选择【Refacotr】|【Rename...】，方法中所有 addResult 的定义和引用都将被同步选中（变量被方框框住），如图 1.25 所示。此时键入新的变量名，所有的该变量的引用都同步进行重构。

```
public void printResult() {
    float addResult = value1 + value2;
    float subResult = value1 - value2;
    float  Enter new name, press Enter to refactor ▼
    float divResult = value1 / value2;
    System.out.println(value1 + "+" + value2 + "=" + addResult);
    System.out.println(value1 + "-" + value2 + "=" + subResult);
    System.out.println(value1 + "*" + value2 + "=" + multiResult);
    System.out.println(value1 + "/" + value2 + "=" + divResult);
}
```

图 1.25 变量的重命名重构

同理，可以对类名、包名、项目名等进行 Rename 重构，所有的这些被重构元素的引用都将被自动同步修改过来，确保代码安全，极大地提高了重构代码的效率。

1.4.3 Eclipse 常用快捷键的使用

1. 代码编辑快捷键

Eclipse 的编辑功能强大，掌握常用的编辑快捷键功能，能大大提高开发者的开发效率。

（1）内容辅助组合键【ALT+/】

在代码编写过程中，当不能完全记住类、方法或者属性时，通常使用该组合键提供内容辅助。

（2）类的大纲显示组合键【Ctrl+O】

鼠标单击编辑器的任何地方后，按下该组合键，Java类的大纲视图将被显示出来，通过该大纲，可以快速定位到类的方法和属性。

例如，打开Test项目中的SimpleCalculator文件，在编辑器中任何地方单击，按下组合键【Ctrl+O】，SimpleCalculator的大纲视图显示如图1.26所示。

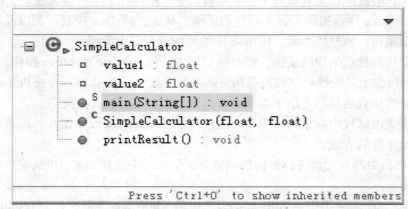

图1.26　SimpleCalculator的快捷大纲视图

（3）类自动导入组合键【Ctrl+Shift+O】

在代码编写过程中，无需事先导入需要使用的类，可以直接使用该组合键导入类，同时，该组合键还会把多余的import语句清除掉。

（4）自动注释组合键

【Ctrl+/】：该组合键将选中的代码进行单行注释，即在代码语句前添加"//"注释符号，该组合键为反复键，再按一次，将取消单行注释。

【Ctrl+Shift+/】：该组合键将选中的代码进行多行注释，即在代码前后添加"/**/"类型注释。

2．查看与定位组合键

在程序中，迅速定位代码的位置是非常有用的，Eclipse提供了强大的查找功能，可以利用如下的组合键帮助完成查找定位的工作。

（1）快速定位到变量和方法的定义

按下"Ctrl"键，将鼠标移至变量或方法处时，该变量和方法将以超链接的方式显示，单击该超链接，将定位到变量和方法的定义处。

（2）快速向下和向上查找选定内容

组合键【Ctrl+K】、【Ctrl+Shift+K】能实现选中内容的快速查找。在编辑器中双击变量或方法，使其高亮度显示，按下【Ctrl+k】组合键，将快速向下查找到该变量或方法的下一个引用。组合键【Ctrl+Shift+K】则实现向上查找。

（3）快速查找文件

组合键【Ctrl+Shift+R】能在工作空间中所有资源文件和Java文件，查找过程中可以使用通配符。

3．格式化代码

书写格式规范的代码是非常重要的，使用组合键【Ctrl+Shift+F】可以快速将代码自动进行格式化。当选中代码后按下【Ctrl+Shift+F】组合键，则选中的代码会被格式化，如果没有选中任何代码，在整个 Java 文件将被格式化。

4．其他组合键

除了上面介绍常用组合键外，Eclispse 还提供了众多的组合键定义，选择菜单【Help】|【Key Assist...】或按下组合键【Ctrl+Shift+L】，将在 Eclipse 窗口的右下角弹出所有组合键列表，如图 1.27 所示。用户可以根据需要自行熟悉相关组合键的使用。

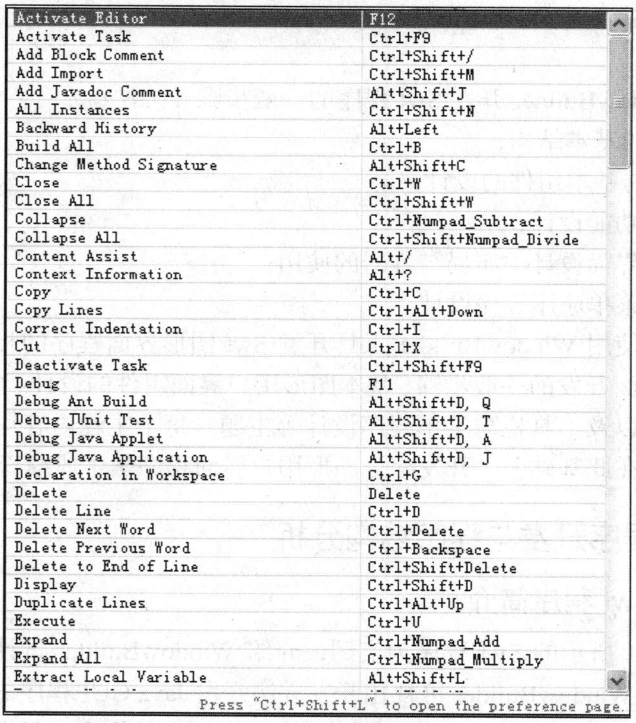

Activate Editor	F12
Activate Task	Ctrl+F9
Add Block Comment	Ctrl+Shift+/
Add Import	Ctrl+Shift+M
Add Javadoc Comment	Alt+Shift+J
All Instances	Ctrl+Shift+N
Backward History	Alt+Left
Build All	Ctrl+B
Change Method Signature	Alt+Shift+C
Close	Ctrl+W
Close All	Ctrl+Shift+W
Collapse	Ctrl+Numpad_Subtract
Collapse All	Ctrl+Shift+Numpad_Divide
Content Assist	Alt+/
Context Information	Alt+?
Copy	Ctrl+C
Copy Lines	Ctrl+Alt+Down
Correct Indentation	Ctrl+I
Cut	Ctrl+X
Deactivate Task	Ctrl+Shift+F9
Debug	F11
Debug Ant Build	Alt+Shift+D, Q
Debug JUnit Test	Alt+Shift+D, T
Debug Java Applet	Alt+Shift+D, A
Debug Java Application	Alt+Shift+D, J
Declaration in Workspace	Ctrl+G
Delete	Delete
Delete Line	Ctrl+D
Delete Next Word	Ctrl+Delete
Delete Previous Word	Ctrl+Backspace
Delete to End of Line	Ctrl+Shift+Delete
Display	Ctrl+Shift+D
Duplicate Lines	Ctrl+Alt+Up
Execute	Ctrl+U
Expand	Ctrl+Numpad_Add
Expand All	Ctrl+Numpad_Multiply
Extract Local Variable	Alt+Shift+L

Press "Ctrl+Shift+L" to open the preference page.

图 1.27　Eclipse 组合键列表

1.5　实战演练

（1）安装配置基于 Eclipse VE 的 Java GUI 应用程序开发环境。

（2）在 Eclipse 中开发 Java 项目，实现获取并显示系统时间功能。

（3）熟悉 Eclipse 编辑器的使用。

第 2 章 Swt 图形界面程序开发

本章要点

- 使用 WindowBuilder 开发 Swt 程序的一般步骤和方法；
- Swt 程序的基本结构；
- Swt 窗体与基本组件的设计；
- GUI 交互功能设计；
- Java 图形界面设计中布局与容器的使用；
- 工具栏、菜单应用程序设计。

本章主要介绍使用 WindowBuilder 工具开发 Swt 图形界面程序的相关技术与方法，内容包括 Swt 图形界面开发的一般步骤、基本图形用户界面组件的设计、GUI 交互功能设计、布局与容器的使用以及工具栏与菜单程序设计等主题。每个主题内容均围绕单元项目开发而展开。要求学生在此基础上，开发综合图形用户界面程序学生成绩管理系统 V1.0 版本。

2.1 Swt 程序开发与程序结构分析

2.1.1 第 1 个 Swt 程序简介

本节将以图 2.1 所示的 Swt 程序为实例，介绍 WindowBuilder 设计与编辑视图的基本使用方法，以及用 WindowBuilder 可视化开发方法开发 Java GUI 程序的基本过程与步骤。

第 1 个 Swt 程序界面由一个按钮组件和一个文本框组件构成，程序运行初始界面在文本框中显示"欢迎进入 Swt 界面开发领域"，当单击按钮后，文本框中将显示"你单击了按钮 X 次"。

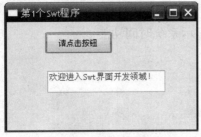
（a）第 1 个 Swt 程序初始界面

（b）单击按钮 3 次后界面

图 2.1

2.1.2 了解 WindowBuilder 设计编辑视图

WindowBuilder 是一个可视化设计工具，为我们开发基于 Swt/Jface 程序提供了一个可视化编辑设计环境。WindowBuilder 设计编辑器由设计视图与源代码编辑视图、组件面板、组件结构树视图和属性编辑视图组成，如图 2.2 所示。

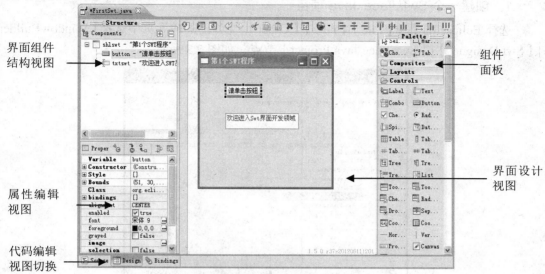

图 2.2　WindowBuilder 编辑器的构成

1．界面设计视图与源代码编辑视图

界面设计视图和源代码编辑视图是 WindowBuilder 编辑器的两个主要部分，通过左下角的【Source】和【Design】视图选择按钮进行切换。默认情况下可视化编辑器和源代码编辑器两个视图的内容会自动同步，即通过设计视图修改图形界面，代码视图会自动做相应的更新，反之亦然。完成界面设计后，可以通过界面设计视图上方的 按钮在不运行程序的状态下对所设计的界面进行预览。

2．组件面板

组件面板由 System、Composites、layouts、Controls、Jface、Forms API 以及 menu 等分组内容构成，可按照自己的开发习惯将组件面板放在合适的位置。单击组件面板中的分组按钮可以展开或折叠该组，当分组被展开后，该组中所有组件将被显示出来。

3．界面组件结构视图

界面组件结构视图以树形结构清晰地显示界面的组件、事件、监听器等构成元素。可以通过该视图操作这些元素，包括选中、复制、删除等等。

4．属性编辑视图

一个可视组件就是一个 JavaBean 对象，属性视图用于显示和编辑在设计视图或组件结构视图中被选中的组件的属性。

当一个组件被选中后，属性视图即显示出该组件的各个属性的当前值。可以修改属性值，修改后的效果会直接反映在界面设计视图中，同时，源代码编辑视图中也会自动生成相应的代码。

2.1.3 开发第 1 个 Swt 程序

现在使用 WindowBuilder 可视化方法设计第 1 个 Swt 程序。

1. 创建一个 Swt/Jface Java 项目

选择 Eclipse 的菜单【File】|【new】|【Other】，在弹出的向导页中选择【WindowBuilder】|【Swt Designer】|【Swt/Jface Java Project】节点，如图 2.3 所示。

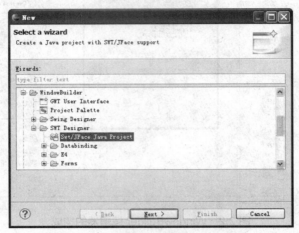

图 2.3 创建 Java 项目界面

在弹出的创建工程向导对话框中输入项目名称为：swtstart，JRE 选用 JavaSe-1.6，其他选项采用默认选项，如图 2.4 所示。

图 2.4 创建 Java 项目界面

单击【Next】按钮，可以继续通过后续向导对话框进行工程的配置。如采用默认配置，直接单击【Finish】按钮完成工程的创建。

第 2 章　Swt 图形界面程序开发

2. 创建应用程序主窗体类 FirstSwt

在 Java 项目源文件夹的包上单击右键，或者选择【File】|【New】|【Other】，在弹出的对话框中选择在节点【WindowBuilder】|【Swt Designer】|【Swt】下的 Application Window，如图 2.5 所示。在弹出的新建 Swt 应用程序窗口中输入类名为：FirstSwt，如图 2.6 所示，单击【Finish】按钮，完成应用程序主窗体类的创建。

图 2.5　应用程序主窗体类创建向导对话框

图 2.6　新建 Swt 应用程序窗口

3. 设置窗体属性

切换到程序的界面设计视图。在界面设计视图中单击窗体，属性编辑视图中将出现该窗体的相关属性列表及一些默认的属性值，单击属性 text 右边的值列区域，输入窗体标题为："第 1 个 Swt 程序"。通过拖曳窗体边框，调整窗体到适当大小。

4. 创建界面组件，设置组件属性

展开组件面板，并展开其中的 Controls 组。单击该组的 Button 组件，然后将鼠标回到窗体上，在放置按钮的位置上按下鼠标左键不放，并拖动鼠标，在窗体上放置一个合适大小的按钮，在新出现的 Name 对话框中输入按钮对象的名字为：button。在该按钮的属性编辑视图中设置 text 属性值为："请单击按钮"。

同理，在 Swt Controls 组件面板中选择 text 组件，在窗体的按钮下方放置一个合适大小的文本框对象，该文本框对象命名为：text。在该文本框的属性编辑视图中设置 text 属性值为："欢迎进入 Swt 界面开发领域！"；设置 foreground 的属性值为红色。

5. 为按钮添加事件处理

双击窗体中的按钮，Eclipse 将自动生成事件监听器框架代码如下所示。

```
button.addSelectionListener(new SelectionAdapter() {
    @Override
    public void widgetSelected(SelectionEvent e) {
```

        }
    });
要实现单击按钮,在文本框中显示按下按钮的次数程序功能,首先需要在 FirstSwt 类中定义一个用于保存按下按钮次数的变量 count,代码如黑体字所示。

```
public class FirstSwt {
    private Shell sShell = null;
    private Button button = null;
    private Text text = null;

    private int count=0;
    ……
```

在自动生成的事件监听器框架代码中编写事件代码如下。

```
button.addSelectionListener(new
                org.eclipse.swt.events.SelectionAdapter() {
    public void widgetSelected(org.eclipse.swt.events.SelectionEvent e){
            count++;
            text.setText("你单击了按钮"+count+"次");
    }
});
```

6. 运行程序

在包资源管理器中右键单击主类文件 FirstSwt.java,选择【Run As】|【Java Application】,程序的运行窗口将会出现,运行效果如图 2.7 所示。单击按钮,在文本框中将显示按下按钮次数的信息。

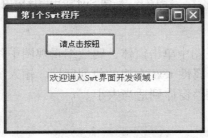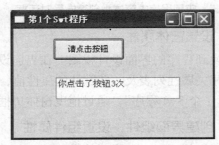

图 2.7 第 1 个 Swt 程序运行结果

2.1.4 Java Swt GUI 程序基本结构分析

现在以第一个 Swt 程序为例,分析 Java Swt GUI 程序的基本结构,其程序结构如下面代码所示。

```
//类和接口导入语句
import org.eclipse.swt.layout.GridLayout;
……
//类和接口导入语句
import org.eclipse.swt.widgets.Display;

//FirstSwt 类的定义
public class FirstSwt {
    //实例变量与组件的定义
```

第 2 章　Swt 图形界面程序开发

```
protected Shell shlswt;
……

//主方法定义
public static void main(String[] args) {
    try {
        FirstSwt window = new FirstSwt();
        window.open();
    } catch (Exception e) {
        e.printStackTrace();
    }
}

//打开窗体以及提供事件捕获代码框架的方法
public void open() {
    Display display = Display.getDefault();
    createContents();
    shlswt.open();
    shlswt.layout();
    while (!shlswt.isDisposed()) {
        if (!display.readAndDispatch()) {
            display.sleep();
        }
    }
}

//窗体创建方法
protected void createContents() {
    //这里实现窗体创建，包括简单组件的属性的设置等
}
}
```

由程序代码可知，类中包含一个 Shell 对象，该 Shell 对象就是程序主窗体。类中 createContents()方法负责窗体以及窗体中的其他组件的创建；open()方法则负责打开窗体，并通过一个 while 循环实现 Java GUI 程序与操作系统间事件的交互，在事件轮询中 Display 对象起着关键作用。

1. Shell 窗口

一个 Shell 对象就是一个窗口。你可以在上面放置各种部件创建丰富的图形界面。窗口有多种类型，比如窗口有可以调整大小的，有不可以的，有的没有最大化和最小化按钮。这些窗体的特征在 Swt 中成为风格（style）。一个窗体的风格用一个整数定义。窗体风格定义在 org.eclipse.Swt.Swt 中。

Shell 对象可用的风格包括：BORDER, CLOSE, MIN, MAX, NO_TRIM, RESIZE, TITLE , PLICATION_MODAL, MODELESS, PRIMARY_MODAL,S YSTEM_MODAL

这些风格这里不做一一介绍，你可以从它们字面意义看出一些含义来，当然也可以参考对应的 javadoc。

可以在一个 Shell 的构造函数中定义它的风格，比如：

Shell shell = new Shell(display,Swt.CLOSE | Swt.SYSTEM_MODEL);
最后得到的窗体没有最大化和最小化按钮，并且大小是固定不变的。

因为 Swt 运行于各种平台之上，而这些平台上的窗口管理器千差万别，所以所有这些风格都不是肯定可以实现的。在 Swt 的 javadoc 中，这被称为暗示（hints）。

Shell 对象的方法大都和 GUI 有关，比如 setEnabled()设定了窗体是否能够和用户进行交互，setVisble()设定了窗体是否可见，setActive()将窗体设为当前的活动窗口。

可以用 open()方法打开一个窗体，close()方法关闭一个窗体。

2. Display:与操作系统沟通的桥梁

每个 Swt 程序在最开始都必须创建一个 Display 对象。Display 对象起什么作用呢？它是 Swt 与操作系统沟通的一座桥梁。它负责 Swt 和操作系统之间的通信。它将 Swt/Jface 的各种调用转化为系统的底层调用，控制操作系统为 Swt 分配的资源。同时也可以通过 Display 对象得到操作系统的一些信息。

Display 是一个"幕后工作者"，它为 Swt/Jface 提供支持，但是你并不能够从某个用户界面中看到它的影子。Display 有着众多的方法，下面是 Display 类中比较常用的方法。

- setData()和 getData()方法：这一对方法，允许我们为 Display 对象设定一些数据，setData()的参数中 key 和 value 类似于我们在使用 Map 对象中 key 和 value 的含义。
- getShells()方法：用于得到关联到该 Display 对象的所有没有 dispose 的 Shell 对象。
- getCurrent()方法：用于得到与用户交互的当前线程。
- readAndDispatch()方法：用于得到事件并且调用对应的监听器进行处理。
- sleep()方法：用于等待事件发生。

2.2 Swt 程序窗体与基本组件的设计

2.2.1 登录程序简介

前面两节介绍了开发 Swt 程序的基本方法和步骤，分析了 Swt 程序的基本结构。本节将在此基础上，以一个简单登录程序的开发为例，介绍 Swt 窗体、标签、按钮、文本框、组合列表框等基本组件的设计。

登录程序运行界面如图 2.8 与图 2.9 所示，程序由登录界面与信息显示两个界面组成。单击【登录】按钮，将跳转到信息显示界面。当输入的用户名为 4~8 位字符串，密码为 6 位字符串，信息显示界面将显示"恭喜，输入的登录信息正确！"；否则，信息显示界面将显示"抱歉，输入的登录信息错误！请重新登录"。单击【重置】按钮，登录界面中的用户名、密码输入框的内容将被置空，用户类型下拉框将被置为初始状态。单击信息显示界面中的【重新登录】按钮，登录界面重新被显示出来，信息显示界面关闭。

图 2.8 登录界面

第 2 章　Swt 图形界面程序开发

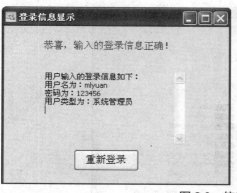
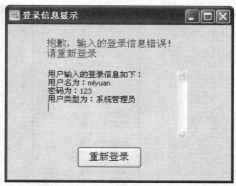

图 2.9　信息显示界面

2.2.2　了解程序窗体与 Swt 基本组件

如登录程序界面所示，登录程序中涉及了窗体、标签、文本框、按钮、组合列表框等 Swt 组件。在采用 Eclipse WindowBuilder 可视化方法开发程序界面时，主要通过设置组件的相关属性来设置或更改组件的特性。因此，本节重点了解 Swt 窗体和基本组件的重要属性。

1. Swt 窗体 Shell

Swt Shell 窗体是构成基于 Swt 的 Java GUI 程序的基本组件，一个 Swt 程序至少包含一个窗体，窗体是容纳其他界面组件的顶级容器。当在 Java 工程中创建一个 Swt Shell 样式的可视类时，Eclipse WindowBuilder 会自动生成一个窗体。Swt Shell 窗体的主要属性含义说明如表 2.1 所示。

表 2.1　Shell 主要属性

属性	说明
Style/trim	设置窗体类型，共提供 3 种窗体类型：SHELL_TRIM、DIALOG_TRIM、NORTRIM
Layout	设置窗体的布局
background	设置背景颜色
image	设置窗体标题栏的图标
text	设置窗体标题
modality	设置窗口为模态或者非模态，模态窗口包含 3 种类型：APPLICATION_MODEL、PRIMARY_MODAL 和 SYSTEM_MODEL

窗体背景和前景颜色的设置是通过 Java 属性编辑器进行的，选择 background，单击属性值列右边的按钮，将弹出 WindowBuilder 工具提供的 Color chooser 对话框。如图 2.10 所示，可以直接从 System colors、Named colors 以及 Web safe colors 属性页中选择颜色。

图 2.10 颜色设置对话框界面

2. 标签 Label

标签是用于显示不可由用户更改的文本或者称为图标的小图像的组件。在组件面板 Swt Controls 中单击 Label 组件，然后在窗体中相应位置拖拽，即可在界面中生成一个标签。标签的常用属性说明如表 2.2 所示。

表 2.2 标签主要属性说明

属性	说明
image	用于创建指定图片的图标
Style/separator 或 Style/dir	separator 指定标签为一条分隔线，dir 用于设定分隔线为水平线还是竖线
Style/wrap	设置标签上文字是否自动换行
text	设置标签上显示的文本内容
alignment	标签上文字的对齐方式

3. 文本框 Text

文本框是提供给用户输入文字的矩形框，分为单行文本框和多行文本框。单行文本框是最简单的文本输入组件，输入的所有文字均显示在一行，主要用于设计需要用户输入较少文字信息的界面。多行文本框一般用于输入信息比较多的情况，通常需要带滚动条一起使用。

单行文本框通常还被用作密码输入框，通过设置文本框的 password 属性将文本框作为密码框来使用。

单击 Swt Controls 面板的 Text 组件，在窗体的相应位置拖曳，即可在界面中生成一个文本框对象。文本框的主要属性说明如表 2.3 所示。

表 2.3 文本框的主要属性说明

属性	说明
Style/wrap	设置单行或多行文本框，当值为 false 时，为单行文本框；当值为 true 时，为多行文本框
password	设置文本框为密码框，字符被自动显示为 "*"
echorchar	指定向文本框中输入字符时显示的字符，例如：如果设该属性值为 "#"，则输入的任何字符都将被显示为 "#"
editable	设置文本框的内容是否可编辑，属性值为 true，则用户可以编辑文本框中的内容；否则，不能编辑文本框中的内容
Style/readOnly	设置文本框为只读状态，效果与设置 editable 值为 false 同

4. 按钮 Button

按钮是 GUI 中最常用的组件，为用户提供了一种快速执行命令响应用户操作的方法。单击 Swt Controls 面板中的 Button 组件，然后在窗体中相应位置拖拽，即可生成一个按钮对象。按钮的主要属性说明如表 2.4 所示。

表 2.4 按钮的主要属性说明

属性	说明
Style/border	设置按钮边框形式，值为 BORDER 或不设值
image	指定图片文件，可以在按钮上显示图片
Style/flat	一般按钮为突出外观，设置该属性值为 FLAT，则该按钮无凸起外观
selection	对于 CHECK 和 TOGGLE 类型的按钮，该属性可以设置按钮是否为选中状态
text	设置按钮上显示的文字

5. 组合列表框 Combo

有时，GUI 用户希望从预先确定的值列表中进行选择。Swt 中的列表框组件 List 和组合列表框组件 Combo 都提供了从预定义字符串值列中选择的功能。其中 List 将所有预定义值显示出来，需要较大的屏幕空间，而 Combo 采用折叠的方式组织预定义值列，有效地节约了屏幕空间，进行选择时单击组件右边箭头，列表将呈下拉显示状态，显示出全部选项。

List 和 Combo 组件的设计与使用方法相似，本节仅介绍 Combo 组件。

单击 Swt Controls 面板中的 Combo 组件，然后在窗体中相应位置拖曳，即自动生成一个组合列表框对象。组合列表框的主要属性说明如表 2.5 所示。

表 2.5　Combo 的主要属性说明

属性	说明
style	指定组合列表框的样式，有 DROP DOWN 和 SIMPLE 两个值。DROP DOWN 指定其为普通下拉列表框，列表项被折叠；SIMPLE 指定其为展开的列表框，显示全部或部分列表项
Style/readOnly	当该属性被设置为 true 时，不允许用户在列表框最上面的文本输入框中输入文字，也不能显示在 text 属性中设置的初始文字；当该属性被设置为 false 时，用户可以在文本框中输入文字，以便快速查找列表项，同时，可以通过 text 属性设置组合列表框的初始文字
text	该属性用于设置组合列表框中的初始文字，当 readOnly 属性设置为 READ_ONLY 时，该设置无效
items	设置 Combo 组件中的预定义值列

2.2.3　登录程序的实现

一、登录界面的设计

1. 创建工程

新建 Swt Java 项目，项目名为 login。

2. 创建图片文件夹，并导入图片

在项目源文件夹 src 上单击右键，选择【New】|【Folder】菜单，创建文件夹 images。将项目中需要用到的两个图片文件 login.jpg、title.jpg 复制到 images 文件夹下。

3. 创建应用程序主窗体类 LoginShell 按登录界面要求设计界面

登录界面与登录界面组件结构视图如图 2.11 所示。

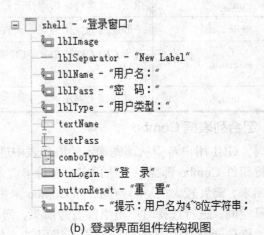

(a) 登录界面　　　　　　　　　　(b) 登录界面组件结构视图

图 2.11

第 2 章　Swt 图形界面程序开发

登录界面中各组件的对象命名与组件属性设置如表 2.6 所示。

表 2.6　登录界面组件属性设置

组件类型	组件对象名	属性值设置
Shell	shell	Layout：absolute background：color{230,230.250} image：title.jpg（图片文件/images/title.jpg）
Label	lBLImage	Image:login.jpg
	lblSeparator	background：color{230,230.250} orientation：HORIZONTAL separator：SEPARATOR
	LblName	background：color{230,230.250} text：用户名：
	lblPass	background：color{230,230.250} text：密　码：
	lblType	background：color{230,230.250} text：用户类型：
	labelInfo	background：color{230,230.250} text：提示：用户名为 4~8 位字符串；密码为 6 位字符串 font：宋体，9 foreground：COLOR_RED
Text	textName	size：110,20
	textPass	size：110,20 Style/password：true
Combo	comboType	size：110,20 text：请选择
Button	buttonLogin	text：登　录
	buttonReset	text：重　置

二、信息显示界面的设计

在项目中添加信息显示界面类 InfoDisplayShell，类型为 Swt Shell。参照信息显示界面设计界面，其组件结构视图如图 2.12 所示。

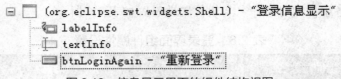

图 2.12 信息显示界面的组件结构视图

设置信息显示界面中组件的属性如表 2.7 所示。

表 2.7 信息提示界面组件设置

组件类型	组件对象名	属性值设置
Shell	sShell	background：color{230,230.250} image：title.jpg（图片文件/images/title.jpg）
Label	labelInfo	background：color{230,230.250} foreground：COLOR_RED font：宋体 12 Style/wrap：true
Text	textInfo	Style/wrap：true Style/v_scroll：true verticalScroll：V_SCROLL
Button	buttonLoginAgain	text：重新登录

三、功能实现

1. 参数传递设计

在登录界面中输入的用户数据需要被传递到信息显示界面中被显示出来，因此，必须设计 LoginShell 类与 InfoDisplayShell 类之间的参数传递方式。这里采用通过构造器方法传递参数的方案。

首先，在 InfoDisplayShell 类中定义用于保存用户名、密码和用户类型的变量，代码如下所示。

```
public class InfoDisplayShell {
    ……
    private String userName=null;
    private String password=null;
    private String type=null;
    ……
```

然后，为 InfoDisplayShell 类添加带用户名、密码和用户类型参数的构造器方法，代码如下所示。

```
public InfoDisplayShell(String userName,String password,String type) {
    this(Display.getDefault());
    this.userName = userName;
    this.password = password;
    this.type = type;
}
```

第 2 章 Swt 图形界面程序开发

分析 InfoDisplayShell 类的代码可知，InfoDisplayShell 是 Swt 中 Shell 的子类，自动生成的构造器方法中包含界面的生成代码。因此，新添加的这个构造器方法需要在第 1 条语句调用 InfoDisplayShell 中已有的构造器方法。

2. 信息显示的实现

在信息显示界面中，需要根据登录时输入的用户名和密码进行相应的信息显示，需要显示的信息包括两个方面。

（1）判断输入信息是否符合要求。如果输入的信息符合"用户名为 4~8 位字符串，密码为 6 位字符串"要求，则在 labelInfo 中显示"恭喜，输入的登录信息正确！"；否则，显示"输入的用户名或密码不符合要求，请重新登录！"。

（2）在 textInfo 文本框中显示输入的用户名、密码以及用户类型信息。

在 InfoDisplayShell 类中添加一个 displayInfo()方法，该方法实现信息的显示。代码如下所示。

```java
private void displayInfo() {
    System.out.println(userName + "" + password);
    if (userName.length() > 8 || userName.length() < 4
            || password.length() != 6) {
        labelInfo.setText("输入的用户名或密码不符合要求，请重新登录！");
    } else
        labelInfo.setText("恭喜，输入的登录信息正确！");
    textInfo.append("用户输入的登录信息如下：\n");
    textInfo.append("用户名为：" + userName + "\n");
    textInfo.append("密码为：" + password + "\n");
    textInfo.append("用户类型为：" + type + "\n");
}
```

然后，在构造器方法中添加调用该方法的语句，代码如下所示：

```java
public InfoDisplayShell(String userName,String password,String type) {
    this(Display.getDefault());
    this.userName = userName;
    this.password = password;
    this.type = type;
    displayInfo();
}
```

3. 【登录】功能的实现

在类 LoginShell 的设计视图中双击【登录】按钮，在自动产生的事件处理框架代码中编写事件代码如下所示。

```java
buttonLogin.addSelectionListener(
  new org.eclipse.swt.events.SelectionAdapter() {
  public void widgetSelected(org.eclipse.swt.events.SelectionEvent e){
        //1.获取登录信息；
        String userName=textName.getText();
        String password=textPass.getText();
        String type=comboType.getText();

        //2.实现页面跳转,需考虑信息传递
```

```
        Shell oldShell=shell;
        Shell infoShell=new InfoDisplayShell(userName,password,type);
        shell=infoShell;
        shell.open();
        oldShell.dispose();
        }
    });
```

4. 【重置】功能的实现

双击【重置】按钮，在自动产生的事件处理框架代码中编写事件代码如下所示。

```
buttonReset.addSelectionListener(
    new org.eclipse.swt.events.SelectionAdapter() {
    public void widgetSelected(org.eclipse.swt.events.SelectionEvent e){
        textName.setText("");
        textPass.setText("");
        comboType.setText("请选择");
    });
```

5. 【重新登录】功能的实现

双击【重新登录】按钮，在自动产生的事件处理框架代码中编写事件代码如下所示。

```
btnLoginAgain.addSelectionListener(new SelectionAdapter() {
        public void widgetSelected(SelectionEvent e) {
            LoginShell login=new    LoginShell();
            InfoDisplayShell.this.dispose();   //关闭当前窗体对象
            login.open();
        }
    });
```

在单击【重新登录】按钮时，信息显示窗体关闭，同时打开登录窗体，需要注意的是，此时事件处理是采用内部匿名类的方式实现的，因此，要访问包含内部类的对象时，必须使用类名。如语句 InfoDisplayShell.this.dispose()表示调用外部类的 this 对象的方法。

2.3　GUI 交互功能设计——事件处理

GUI 程序都是通过对用户操作的响应实现与用户的交互。因此，GUI 交互设计成为 C/S 应用开发中的一个重要内容。本节以登录程序的事件处理重新实现为例，介绍 Java Swt GUI 程序的事件处理概念和机制，重点介绍事件监听器的设计和实现方法。

2.3.1　Java 事件处理机制

事件就是指发送给 GUI 程序的消息。Java 2 之后的版本均采用委托事件处理模型对界面中组件上发生的事件进行处理，Swt 也沿用了这种委托事件模型，如图 2.13 所示。

从 Java 委托事件处理模型示意图中可知，Java 事件处理机制中包含 4 个基本要素。

（1）事件源：即事件的发者，通常指某个组件。如图 2.13 中，事件源是【登录】按钮。

（2）事件：指各种组件上发生的事件类型。不同的事件源触发一种或多种不同的事件类型，如图 2.13 中按钮触发的单击事件为 SelectionEvent 事件。每一种事件类型有其各自的方法来查找事件源。当事件源触发了一个事件，Java 将自动创建某一类型的事件对象。Java 中的事件用事件对象来描述，如图 2.13 中的 SelectionEvent 事件用对象 e 来描述，从事件对象 e 中可以获取事件源、事件类别、事件源的状态等信息。

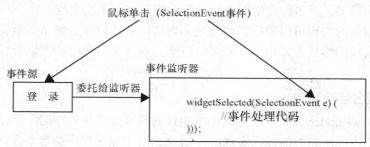

图 2.13 Java 委托事件处理模型示意

（3）事件监听器：是负责监听事件的对象。监听器监听事件源的事件，并为监听到的事件提供事件处理方法。Java 开发包中为各种类型的事件定义了不同的事件监听器接口或者适配器类。通过实现接口或者继承适配器类就可以定义自己的事件监听器类。

（4）事件处理代码：针对所发生的事件所编写的处理代码，是实现程序功能的核心所在。

对某个组件的某种事件做处理，需要将上面描述的 4 个事件处理要素有机地结合起来。通常通过调用组件的 add×××Listener()方法来实现。即为组件注册监听器，将该组件的事件监听和处理委托给监听器。

2.3.2 事件处理监听器的设计

在 GUI 程序的开发过程中，编写事件监听器类以及事件处理代码成为程序员最重要的工作之一。通常，Java 开发包中为开发人员提供了组件的常用事件监听器接口或适配器类。可以通过继承适配器类或实现监听器接口的方式设计监听器类。图 2.14 描述了事件监听器类实现的方案。

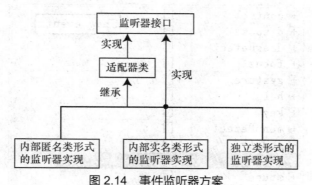

图 2.14 事件监听器方案

1. 监听器接口与适配器类

一些事件监听器接口中声明了多个方法，如鼠标事件监听器接口 MouseListener 中就声明了鼠标双击、鼠标键按下和鼠标键弹起 3 个方法，然而有时只需要实现一种或几种操作，不需要关注全部的方法。如果采用实现接口的方案实现事件监听器类，就必须实现接口中的所有方法，否则就无法创建该事件监听器实现类的对象。适配器类就是为解决这个问题而出现的。在 Swt 类库中，对具有两个或两个以上的方法的事件监听器，接口都设计了一个对应事件适配器类，该事件适配器类对接口中的方法做了空实现。

事件监听器类的实现可以根据需要通过实现监听器接口或者继承监听器适配器类的方法实现。具体实现的形式可采用内部匿名监听类、内部实名监听器类以及独立监听器类 3 种方式。

2. 内部匿名监听器类

使用 WindowBuilder 设计器为界面中的组件对象添加事件处理时，自动生成的事件代码框架就是采用内部匿名类的方式实现的。如 2.3 节中登录程序的登录界面中的【登录】按钮的事件处理框架所示。

```
buttonLogin.addSelectionListener(
new org.eclipse.swt.events.SelectionAdapter() {
public void widgetSelected(org.eclipse.swt.events.SelectionEvent e) {
......
});
```

代码中通过 new 操作符生成一个对象，该对象所属的类继承了适配器类 org.eclipse.swt.events.SelectionAdapter，该类没有命名，而是直接在对象创建语句后面给出类的实现体。该匿名类对象作为实参直接传递给了 addSelectionListener 方法，作为按钮 buttonLogin 对象的监听器。

同理，给登录界面中的用户名输入文本框添加输入文本验证监听器，也可采用内部匿名类的方式实现。方法为：在选中用户输入文本框的状态下，选中属性视图中的【Show events】按钮，在属性视图中将显示出文本框的所有事件类型，如图 2.15 所示。双击 modify 节点下的 text 右边的值域区间，将会自动产生文本框输入事件处理框架代码。

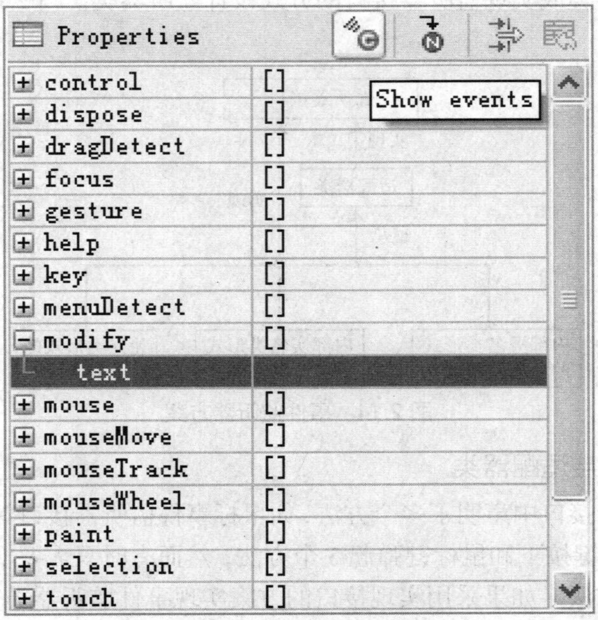

图 2.15 文本框事件文本变更事件添加

显然，自动生成的事件处理代码框架中还是采用内部匿名类的方式，在事件代码框架中添加事件处理代码如下所示。

```
textName.addModifyListener(new org.eclipse.swt.events.ModifyListener() {
    public void modifyText(org.eclipse.swt.events.ModifyEvent e) {
        String txt=textName.getText()==null?"":textName.getText().trim();
        if(!txt.matches("[a-zA-Z0-9]* ")){//使用正则表达式进行输入验证
            MessageBox msgBox=new MessageBox(shell);
            msgBox.setMessage("有非法字符！\n用户名只能由字母和数字构成");
            msgBox.open();
            textName.setText("");
        }
    }
});
```

程序中使用正则表达式进行输入字符的验证，一旦输入非字母和数字字符，就弹出提示对话框，并清除输入内容。

观察【登录】按钮的事件处理和用户文本框事件处理代码发现，两个匿名类都是在LoginShell类定义的，称为内部局部匿名类（或内部匿名类）。内部类的对象可以无限制地访问其所在的外部类的任何变量和方法。

内部匿名类的特点是代码紧凑、结构清晰，但只能创建一个对象，无法实现代码重用，容易造成代码冗余。但界面中各组件的事件处理完全不同时，采用内部匿名类实现事件监听器是不错的选择。

3. 内部实名监听器类

内部实名监听器类是指将监听器类定义为一个具有类名的内部类。例如，可以将LoginShell类中【登录】按钮的事件处理监听器改写为类名为MySelectionListener的内容实名监听器类。其代码如下所示。

```
class MySelectionListener extends   org.eclipse.swt.events.SelectionAdapter{
    public void widgetSelected(org.eclipse.swt.events.SelectionEvent e) {
        //1.获取登录信息；
        String userName=textName.getText();
        String password=textPass.getText();
        String type=comboType.getText();

        //2.实现页面跳转,需考虑信息传递
        Shell oldShell=shell;
        Shell infoShell=new InfoDisplayShell(userName,password,type);
        sShell=infoShell;
        sShell.open();
        oldShell.dispose();
    }
}
```

创建该事件监听器对象，并为登录按钮注册该事件监听器对象，代码如下。功能实现效果与内部匿名类一样。

```
buttonLogin.addSelectionListener(new MySelectionListener());
```

内部匿名类因为具有类名，因此，可以生成多个对象，能被同一界面中的多个组件使用，从而减少代码的冗余。例如，可以为登录界面中的【登录】按钮和【重置】按钮设计一个监听器类，在该监听器类中实现对同一个界面中的两个按钮的事件处理。

使用同一个事件监听器类处理界面中多个组件的事件的关键是区分事件源，再根据不同的事件源编写不同的事件处理代码。改写内部事件监听器类 MySelectionListener 如下所示。

```java
class MySelectionListener extends    org.eclipse.swt.events.SelectionAdapter{
    public void widgetSelected(org.eclipse.swt.events.SelectionEvent e) {
        Button button=(Button)e.getSource();//获取事件源
        if(button.getText().trim().equals("登    录")){//如果为【登录】按钮
            String userName=textName.getText();
            String password=textPass.getText();
            String type=comboType.getText();
            Shell oldShell=sShell;
            Shell infoShell=new InfoDisplayShell(userName,password,type).getsShell();
            sShell=infoShell;
            sShell.open();
            oldShell.dispose();
        }
        else if(button.getText().trim().equals("重    置")){
            textName.setText("");
            textPass.setText("");
            comboType.setText("请选择");
        }
    }
}
```

同理，为【重置】按钮注册事件监听器对象如下所示。

```java
buttonReset.addSelectionListener(new MySelectionListener());
```

4．独立监听器类

独立监听器类是指把事件监听器类定义为一个不在任何类内部的独立类。这种监听器类可以被创建成为任何 Swt GUI 类的相关组件的监听器对象。独立监听器类一般用于多个不同的界面都使用了同样的监听器类的情况，这样可以大幅减少代码的冗余。

独立监听器类因为不在主调对象对应的类中，所以不能直接访问主调对象中的成员变量和方法。此时需要解决如何访问主调对象中的成员变量或方法的问题。通常采用下面两种方法之一来解决此问题。

（1）通过构造器方法将需要访问的主调对象的引用传递给监听器对象。

（2）将需要访问的主调对象中的成员变量定义为公有静态变量，直接通过类名访问。

例如，将 LoginShell 中的 MySelectionListener 内部监听器类改成一个独立的监听器类，负责处理 LoginShell 登录界面和 InfoDisplayShell 信息显示界面中按钮的事件处理。监听器类的程序代码如下所示。

```java
import org.eclipse.swt.widgets.Button;
import org.eclipse.swt.widgets.Shell;
public class MySelectionListener extends    org.eclipse.swt.events.SelectionAdapter{
    public void widgetSelected(org.eclipse.swt.events.SelectionEvent e) {
        Button button=(Button)e.getSource();//获取事件源
        if(button.getText().trim().equals("登    录")){//如果为【登录】按钮
```

第 2 章　Swt 图形界面程序开发

```
                String userName=LoginShell.textName.getText();
                String password=LoginShell.textPass.getText();
                String type=LoginShell.comboType.getText();

                Shell oldShell=LoginShell.sShell;
                Shell infoShell=new InfoDisplayShell(userName,password,type).getsShell();
                LoginShell.sShell=infoShell;
                LoginShell.sShell.open();
                oldShell.dispose();
            }
            else if(button.getText().trim().equals("重　置")){
                LoginShell.textName.setText("");
                LoginShell.textPass.setText("");
                LoginShell.comboType.setText("请选择");
            }
            else if(button.getText().trim().equals("重新登录")){
                Shell loginShell = new LoginShell().getsShell();
                LoginShell.sShell = loginShell;
                LoginShell.sShell.open();
                InfoDisplayShell.sShell.dispose();
            }
        }
    }
}
```

同时，需要将 LoginShell 类中的 textName、textPass、comboType 以及 sShell 变量，将 InfoDisplayShell 类中的 sShell 变量的定义修改为公有静态变量。

这样，登录程序的两个界面中的 3 个按钮使用了同一个监听器类。程序的运行效果与使用内部匿名监听器或者内部实名监听类相同。

2.3.3　常用事件监听器

由于 GUI 程序的运行是基于事件触发机制的，因此在进行 GUI 程序的开发过程中，大量的创造性工作是编写事件监听器类。程序与用户交互主要通过鼠标和键盘进行，针对不同的交互方式、不同的组件，Swt 提供了不同的事件及事件监听器接口或适配器。在 Eclipse WindowBuilder 的界面设计窗口中，右键单击组件，在上下文菜单中选择【Add event handler】可以看到组件对应的事件列表。例如，文本框组件的事件列表如图 2.16 所示。

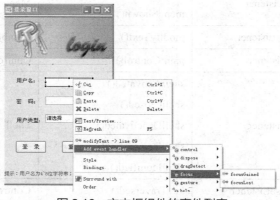

图 2.16　文本框组件的事件列表

针对不同的事件，Swt 库中设计了对应的事件监听器接口和适配类。基于这些事件监听器接口或适配器类，可以采用上节介绍的内部匿名监听器类、内部实名监听器类和外部独立监听器类等方式实现具体的组件事件处理监听器类。下面将 Swt 中的主要事件、事件监听器以及方法、对应的组件总结于表 2.8。

表 2.8 Swt 主要事件与事件监听器

事件	监听器	监听器方法	组件
SelectionEvent	SelectionListener	widgetSelected(), widegetDefaultSelected()	Button,Text,Combo,List,TabFoldr,ToolItem,MenuItem,Table,ScrollBar,Slider,Tree 等
KeyEvent	KeyListener	KeyPressered() keyReleased()	Control
MouseEvent	MouseListener	mouseDown() mouseUp() mouseDoubleClick()	Control
	MouseMoveListener	mouseMove()	Control
	MouseTrackListener	mouseEnter() mouseExit() mouseHover()	Control
ControlEvent	ControlListener	controMoved() controlReSized()	Control,TableColumn,Tracker
DisposeEvent	DisposeListener	widgetDisposed()	Widget
FocusEvent	FocusListener	focusGained() focusLost()	Control
HelpEvent	HelpEvent	helpRequested()	Control,Menu,MenuItem
MenuEvent	MenuListener	menuHidden() menuShown()	Menu
ModifyEvent	ModifyListener	modifyText()	Combo,Text,StyledText
PaintEvent	PaintListener	paintControl()	Control
ShellEvent	ShellListener	shellActivated() shellClosed() shellDeactivated() shellDeiconified() shellIconified()	Shell
TraverseEvent	TraverseListener	keyTraversed()	Control

第2章 Swt 图形界面程序开发

续表

事件	监听器	监听器方法	组件
TreeEvent	TreeListener	treeCollapsed() treeExpanded()	Tree,TableTree
VerifyEvent	VerifyListener	verifyText()	Text,StyledText

2.3.4 实战演练

1. 简易计算器的实现

完成如图 2.17 所示的简易计算器的设计与实现。在文本框中输入两个操作数，根据选择的操作运算类型，进行加、减、乘、除运算，将结果显示在运算结果文本框中。

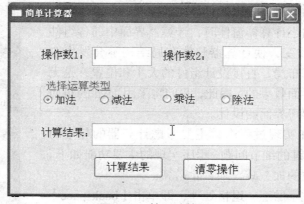

图 2.17 简易计算器

2. 添加事件处理

为简易计算器的操作数 1 和操作数 2 文本框添加事件处理，实现对输入内容的验证。要求指允许输入数字和小数点，如果输入其他字符，弹出提示对话框（见图 2.18），并清空文本框中的输入内容（提示：可以采用正则表达式"[0-9]*+[.]?+[0-9]*"对文本框输入字符进行验证）。

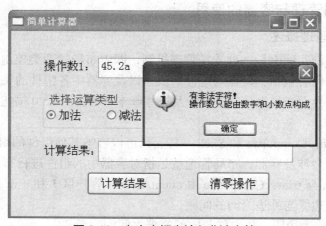

图 2.18 在文本框中输入非法字符

2.4 使用布局与容器

布局管理是 Java GUI 设计中的一个重要内容。采用组件绝对位置和大小的方式设计程序界面会给具有可移植特性的 Java 程序的界面带来混乱,因此我们通常采用 Java 的布局管理机制设计程序界面。Java 布局管理机制是指使用布局管理器类来管理容器中的组件的布局,包括组件的大小和组件的位置。一种布局管理器通常具有较单一的布局特性,因此,在设计较复杂的 GUI 界面时,常采用容器嵌套和多种布局结合使用的方式完成界面设计。

本节以计算器程序的开发为例,介绍 Swt 提供的几种常用布局的使用以及界面设计中容器的使用等内容。

2.4.1 计算器程序简介

本节将要开发的计算器程序运行界面如图 2.19 所示。界面上放置了大量整齐排列的按钮,并且当放大或缩小计算器窗体时,计算器界面中的各组件大小会自动做相应改变,使计算器整体布局结构不会发生改变。显然,采用手工布局,直接设计组件的大小和位置,是无法实现该计算器的界面效果的。因此,我们将采用 Java 的布局管理器完成计算器程序界面的设计。

图 2.19 计算器运行界面

本计算器程序在实现过程中,主要考虑计算器的基本功能,忽略了一些非关键的细节问题,程序实现的主要功能如下:

(1)实现浮点数的加、减、乘、除运算;

(2)实现输入数字的逐一退格处理,即单击【backspace】按钮,显示在文本框中的数字的最后一位将被删除。如输入数字为"364",单击【backspace】按钮后,文本框中的显示的数字变为为"36",删掉了后面的"4";

(3)清除显示,单击【C】按钮,文本框中的数字将被清除;

(4)退出程序功能,单击【OFF】按钮,将退出计算器程序。

2.4.2 Swt 布局管理与容器的使用

1. Swt 布局管理概述

布局管理器机制实际上是一种委托管理机制,即由布局管理类控制容器中的组件的大小和位置,控制的内容包括:容器与组件的关系以及容器中各组件的关系两个方面。在使用布局管理器进行界面布局设计时,会涉及一些基本术语,图 2.20 描述了布局管理时涉及的一些概念和术语。

● Composite:Composiste 和 Shell 一样,是可以容纳其他组件的组件,称为容器。在讨论布局时,必然会涉及容器,布局管理就是指对容器中的组件进行布局管理。

● clientArea 与 trim:Composite 由 clientArean(客户区)和 trim(区标)共同构成,实际上是容器的里边缘与外边缘间的间距。

● margin:称为边距,指组件与它的容器之间的间距。

● space:容器中组件间的间距。

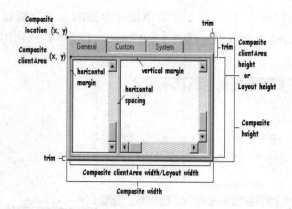

图 2.20　Swt 布局的几个概念示意图

通常，在使用 WindowBuilder 可视化设计方法进行布局设计时，我们会通过 layout 属性和 layoutData 属性的设置对容器和容器中的组件进行布局控制。layout 属性用于控制容器的中组件的整体布局，如设置容器中组件间的间距，设置容器与组件间的间距等。layoutData 属性用于设置具体组件的布局细节特性。

Swt 提供了几种标准布局管理类，其中常用的几种布局类如下。

（1）FillLayout：填充式布局，在单行或者单列中放置相同大小的组件。

（2）RowLayout：行列式布局，按行放置组件，一行放置不下，会自动使用多行。

（3）GridLayout：网格式布局，在网格中放置组件，组件可以占用指定的一个或几个网格。

（4）FormLayout：表格式布局，是一种非常灵活、精确的布局，但也是最复杂的一种布局方式。

在 WindowBuilder 中一般通过两种方法设置某个容器的布局管理器。

（1）通过容器的属性编辑视图设置容器的布局管理器。

在设计视图中选择容器后，在容器的属性视图中单击属性 layout 值列的右边下拉箭头，在列出的布局列表中选中一种布局，如图 2.21 所示。

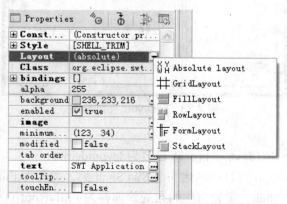

图 2.21　通过属性视图设置容器的布局管理器

（2）通过设计视图中的容器的上下文菜单设置容器的布局管理器。

在设计视图中，右键单击容器，选择【Set Layout】菜单，从列出的布局中选中一种布局，如图 2.22 所示。

图 2.22　通过容器的上下文菜单设置容器的布局管理器

使用最多的是 Filllayout、RowLayout 和 GridLayout 布局，本节重点讨论一下这 3 种布局。

2．FillLayout 布局

FillLayout 是最简单的一个布局类，它将所有窗口组件放置到一行或一列中，并强制他们的大小也相等，且不能定制边框和距离。通常，这种布局适合为 Taskbar 和 Toolbar 上面的按钮作布局使用。

示例：使用 FillLayout 布局设计如图 2.23 所示的界面。

图 2.23　Filllayout 布局示例

操作步骤如下。

步骤 1：创建一个 Swt Java 项目，项目名为 layoutdemo。

步骤 2：在 layoutdemo 项目中创建一个 Swt Shell 类，类名为 FilllayoutDemo。

步骤 3：选择窗体 shell，设置窗体的布局管理器为 FillLayout 布局。

步骤 4：在窗体中创建 3 个按钮，设置按钮上的 text 属性分别为 B1、B2 和 Button3。

步骤 5：选择窗体 sShell，展开容器特性视图中的属性 layout 前的【+】号，按照下图 2.24 所示内容设置窗体的 layout 属性值。

Layout	(org.eclipse.swt.layout.FillLayout)
Class	org.eclipse.swt.layout.FillLayout
⊞ Con...	(Constructor properties)
Var...	fillLayout
margi...	5
margi...	5
spacing	5
type	HORIZONTAL

图 2.24　FillLayout 布局示例中容器的 layout 属性设置

FillLayout 布局中，组件不允许有特性，因此，该布局中的各组件没有 layoutData 属性。

3. RowLayout 布局

RowLayout 是比 FillLayout 用得更广泛的一种标准布局。相比 FillLayout 而言，RowLayout 布局更为灵活。首先，RowLayout 布局不强制所有组件采用同一大小，也不要求是单行或单列排列组件，当容器的行或列不够容纳所有组件时，会自动换行（列）；其次，RowLayout 布局中可以通过组件的 layoutdata 属性设置组件细节特性。

示例：使用 RowLayout 布局设计如图 2.25 所示的界面。

图 2.25　RowLayout 布局示例

操作步骤如下。

步骤 1：在上面创建的 layoutdemo 项目中创建一个 Swt Shell 类，类名为 RowlayoutDemo。

步骤 2：选择窗体，设置窗体的布局管理器为 RowLayout 布局。

步骤 3：在窗体中依次创建按钮 B1、按钮 B2、列表框、按钮 Button3 以及按钮 Btn4。

步骤 4：选择窗体，按图 2.26 所示值设置窗体的 layout 属性值。

Layout	(org.eclipse.swt.layout.R...
Class	org.eclipse.swt.layout.RowL...
⊞ Constructor	(Constructor properties)
Variable	rowLayout
center	false
fill	false
justify	false
marginBottom	10
marginHeight	5
marginLeft	5
marginRight	5
marginTop	10
marginWidth	0
pack	true
spacing	10
type	HORIZONTAL
wrap	true

图 2.26　RowLayout 示例中容器 layout 属性的设置

步骤 5：选择按钮 B2，按图 2.27 所示设置 B2 的 layoutData 属性值。

Java 应用开发技术实例教程

LayoutData	(org.eclipse.swt.layout.Row...
exclude	□ false
height	30
width	40

图 2.27 RowLayout 示例中 button2 的 layoutData 属性设置

该示例中，使用容器的 layout 属性设置容器的整体特性，使用 B2 组件的 layoutData 属性设置了 B2 的大小。

4. GridLayout 布局

GridLayout 布局是一种实用且功能强大的布局，使用最为普遍。GridLayout 布局将容器分为网格，组件被分别放置在不同的网格中。相比 FillLayout 布局和 RowLayout 布局来说，网格布局中的组件有较多的可配置的属性，可以通过组件的 layoutData 属性对组件的特性进行较为精确的个性化的设置。

示例：使用 GridLayout 布局设计如图 2.28 所示的界面。

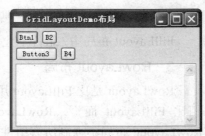

图 2.28 GridLayout 布局示例

操作步骤如下。

步骤 1：在 layoutdemo 项目中创建一个 Swt Shell 类，类名为 GridlayoutDemo。

步骤 2：选择窗体，设置窗体的布局管理器为 GridLayout 布局。

步骤 3：在网格的第 0 行第 0 列创建按钮 Btn1；在第 0 行第 1 列创建按钮 B2；在第 1 行第 0 列创建按钮 Button3；在第 1 行第 2 列创建按钮 B4；在第 2 行第 0 列创建多行 Text 对象 text。

步骤 4：选择窗体，展开容器特性视图中的属性 layout 前的【+】号，按照图 2.29 所示内容设置窗体的 layout 属性值。

⊟ Layout	(org.eclipse... ▼
Class	org.eclipse.sw...
⊞ Constructor	(Constructor p...
Variable	gridLayout
horizontalSpa...	5
makeColumnsEq...	□ false
marginBottom	5
marginHeight	8
marginLeft	5
marginRight	5
marginTop	5
marginWidth	8
numColumns	3
verticalSpacing	5

图 2.29 Gridlayout 示例中容器的 layout 属性设置

步骤 5：选择 Button3，拖动 Button3 边缘至其横向占用 2 个网格，利用 Button3 上方的横向与纵向箭头按钮对 Button3 进行横向和纵向对齐方式的布局设置，如图 2.30 所示。

也可以通过 Button3 的属性视图中 layoutData 属性对 Button3 进行属性设置。

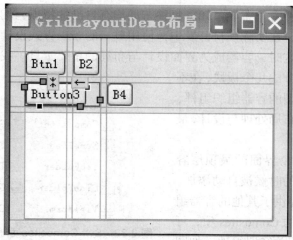

图 2.30 Gridlayout 示例中 Button3 组件的 layoutData 属性设置

步骤 6：选择 text 对象，与步骤 5 同，拖动 text 对象边缘至其横向占用 3 个网格，在 text 的属性视图中设置 layoutData 属性值如图 2.31 所示；grabExcessHorizontalSpace 属性和 grabExcessHorizontalSpace 属性值都设为 true。

LayoutData	(org.eclipse.s...
exclude	false
grabExcessHor...	true
grabExcessVer...	true
heightHint	-1
horizontalA...	FILL
horizontalIndent	0
horizontalSpan	3
minimumHeight	0
minimumWidth	0
verticalAli...	FILL
verticalIndent	0
verticalSpan	1
widthHint	-1

图 2.31 Gridlayout 示例中 textArea 组件的 layoutData 属性设置

其中 grabExcessHorizontalSpace 属性和 grabExcessHorizontalSpace 属性为组件的横向和纵向抢占属性，这两个属性用于设置组件是否抢占容器中的额外空间。如果将横向抢占属性变量 GradExcessHorizontalSpace 设置为 true，则组件水平抢占容器空余空间；设置 GradExcessVerticalSpace 属性为 true，则组件竖直抢占容器空余空间；如果水平或竖直方向有多个组件的抢占属性值为 true，则这些组件会平均分配容器的空余空间。抢占属性经常被 Text 等较大的组件使用，使得这些组件的大小随着窗口的放大和缩小而变大或缩小。

5. 容器的使用

从上面介绍的三种常用布局可知，每种布局均有自己的特点，均能解决特定条件下的某种布局问题。然而，在实际项目开发中，使用单一的布局方式设计一个稍微复杂的界面往往显得力不从心。这时，容器成为界面设计与布局的重要工具。我们常常通过容器嵌套的方式首先将界面切分成几个板块，在不同板块中使用不同类型的容器组织组件，对各板块进行局部的布局处理与设计，最后形成整个界面。

窗体 Shell 是每个界面的最顶层容器，在创建可视化类的时候被自动添加。除此之外，Swt 中还提供了其他的容器组件。展开组件面板中的 Comosites 项，可以看到 Swt 提供的相关容器组件，如图 2.32 所示。

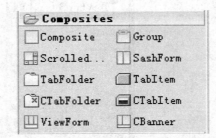

图 2.32 Swt Comosites 面板中包含的容器组件

2.4.3 计算器程序的实现

一、计算器界面的设计

从 2.4.1 节计算器的界面可知，该计算器界面由运算结果显示区域和计算器按键两大区域构成，按键区域是一个典型的采用网格布局的区域，因此，需要采用容器嵌套的方式设计计算器界面，如图 2.33 所示。

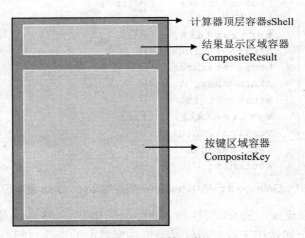

图 2.33 计算器布局

其中，顶层容器 sShell 采用 GridLayout 网格布局，结果显示区域 CompositeResult 采用 FillLayout 填充式布局，按键区域 CompositeKey 采用 GridLayout 网格布局。

1. 创建工程

新建 Swt Java 项目，项目名为 calculator。

2. 创建图片文件夹，并导入图片

第 2 章　Swt 图形界面程序开发

在项目源文件夹 src 上单击右键，选择【New】|【Folder】菜单，创建文件夹 images。将项目中需要用到的图片文件 calcu.png 拷贝到 images 文件夹下。

3. 创建 Swt Application Window 类 Calculator
4. 设计计算器界面

操作步骤如下。

步骤 1：按照表 2.9 设置顶层窗体 sShell 的相关属性。

表 2.9　sShell 的属性设置

属性名	属性值	说明
background	COLOR_DARK_GRAY	背景色
Image	Calcu.png	窗体图标
Layout 属性	Layout (org.eclipse...)　Class org.eclipse.swt...　Constructor (Constructor pr...)　Variable gl_shell　horizontalSpa... 15　makeColumnsEq... false　marginBottom 0　marginHeight 10　marginLeft 0　marginRight 0　marginTop 0　marginWidth 10　numColumns 1　verticalSpacing 15	layout 用于控制 sShell 容器内组件与容器、组件与组件间的相对位置
text	计算器	窗体标题

步骤 2：sShell 布局采用布局 GridLayout，在网格的第 0 行第 0 列、第 1 行第 0 列各添加 Swt 容器组件 Composite，分别命名为 CompositeResult 和 CompositeKey。它们的属性设置如表 2.10 所示。

表 2.10　容器 CompositeResult 和 CompositeKey 属性设置

容器名	属性名	属性设置	说明
CompositeResult	background	COLOR_GRAY	背景色
	layoutData	LayoutData (org.eclipse.swt.lay...)　exclude false　grabExcessHo... true　grabExcessVe... false　heightHint 50　horizontal... FILL　horizontalIn... 0　horizontalSpan 1　minimumHeight 0　minimumWidth 0　verticalAl... CENTER　verticalIndent 0　verticalSpan 1　widthHint -1	设置该容器在 sShell 中的布局数据
	layout	FillLayout	设置容器布局
CompositeKey	background	COLOR_GRAY	背景色

续表

容器名	属性名	属性设置	说明
CompositeKey	layoutData	LayoutData (org.eclipse.swt.lay...) exclude — false grabExcessHo... — true grabExcessVe... — true heightHint — -1 horizontal... — FILL horizontalIn... — 0 horizontalSpan — 1 minimumHeight — 0 minimumWidth — 0 verticalAl... — FILL verticalIndent — 0 verticalSpan — 1 widthHint — -1	设置该容器在sShell中的布局数据
	layout	Layout (org.eclipse.swt.l...) Class — org.eclipse.swt.layo... Constructor — (Constructor propert...) Variable — gl_compositeKey horizontalSp... — 8 makeColumnsE... — false marginBottom — 10 marginHeight — 10 marginLeft — 0 marginRight — 0 marginTop — 0 marginWidth — 10 numColumns — 4 verticalSpacing — 8	设置compositeKey容器的布局数据

步骤3：向容器CompositeResult中添加text组件，命名为：textResult，设置font属性值为：微软雅黑，18；设置border属性值为：true；设置Style/align属性值为：RIGHT。

步骤4：按照计算器界面要求向容器CompositeKey中添加相关按钮组件，要求所有数字键组件命名为：button*，其中'*'代表相应的数字，如按钮【0】的对象名称为button0；【backspace】键命名为buttonbackspace，【C】键命名为buttonC，【OFF】键命名为buttonOFF。

步骤5：设置CompositeKey容器中所有按钮的布局数据。选中【backspace】键，设置其layoutData属性中的horizoltalSpan属性值为2；设置所有按钮的layoutData属性中的grabExcessHorizontalSpace和grabExcessVerticalSpace值为True，设置horizontalAlignment和verticalAlignment值为FILL。

二、计算器功能实现

实现计算器功能，实际上是为按键面板中的每个按钮添加事件处理。其中，0~9数字键的事件处理逻辑代码是相同的，加、减、乘、除运算符按钮键事件处理逻辑代码也是相同的。为了避免大量冗余代码的产生，采用内部类的方式实现界面的监听器。

1. 变量定义

为保存中间结果，需要定义一些变量，代码如下。

```
public class Calculator {
    ......
    //实现计算器功能需要的变量
    private static double value1=0;      //第1个操作数
    private static double value2=0;      //第2个操作数
    private static double   result=0;    //结果
```

```java
        private static String tempStr=null;          //输入数据的中间状态
        private static char oper=' ';                //运算符
        ......
```

2. 事件监听器类

采用内部类的方式实现监听器。在 Calculator 类中定义内部类，其代码如下。

```java
class MySelectionListener extends SelectionAdapter{
    public void widgetSelected(SelectionEvent e) {
        String sourceText=((Button)e.getSource()).getText().trim();
        MessageBox messageBox=new MessageBox(sShell);
        if(sourceText.matches("\\d")|sourceText.equals(".")){   //为数字键和【.】键
            if(tempStr==null)      tempStr=sourceText;
            else    tempStr=tempStr+sourceText;
            textResult.setText(tempStr);
        }else if(sourceText.matches("[+-/*/%]")){   //为运算符键
            if(tempStr==null){
                messageBox.setMessage("请先输入第 1 个数");
                messageBox.open();
                return;
            }else{
                value1=Double.parseDouble(tempStr.trim());
            }
            tempStr=null;
            oper=sourceText.charAt(0);
        }else if(sourceText.equals("=")){ //为【=】键
            if(tempStr==null){
                messageBox.setMessage("没有输入第 2 个数,请先输入第 2 个数");
                messageBox.open();
                return ;
            }else{
                value2=Double.parseDouble(tempStr.trim());
            }
            switch(oper){
                case '+': result=value1+value2;break;
                case '-': result=value1-value2;break;
                case '*': result=value1*value2;break;
                case '%': result=value1/value2;break;
            }
            textResult.setText(result+"");
        }
        else if(sourceText.equals("backspace")){ //为【backspace】键
            if(tempStr!=null){
                tempStr=tempStr.substring(0,tempStr.length()-1);
                textResult.setText(tempStr);
            }
        }else if(sourceText.equals("C")){ //为【C】键
            tempStr="";
            textResult.setText(tempStr);
        }else if(sourceText.equals("OFF")){ //为【OFF】键
            System.exit(0);
        }   }   }
```

代码的逻辑思路是：如果是数字键和小数点键，那么将数字和小数点附加到文本框中已有的文本后，再显示出来；如果是运算符键，需要将当前文本框中的内容作为第 1 个操作数保存下来，并且同时需将运算符号保存下来；如果是等于符号，则从当前文本框中取出第 2 个操作数，并根据运算符进行相应的运算，得出结果并显示在文本框中；如果是退格键，则将文本框中字符串的最后一个字符去掉后再重新显示出来；如果是清除键，将文本框置空；如果是关闭键，直接退出计算器程序。

3. 为按钮注册事件监听器

接下来，需要为每个按钮注册监听器，在 Calculator 类的 createContents()方法中添加如下代码。

```
private void createContents() {
    ......
    //为按钮注册监听器
    MySelectionListener myListener=new MySelectionListener();
    button0.addSelectionListener(myListener);
    button1.addSelectionListener(myListener);
    button2.addSelectionListener(myListener);
    button3.addSelectionListener(myListener);
    button4.addSelectionListener(myListener);
    button5.addSelectionListener(myListener);
    button6.addSelectionListener(myListener);
    button7.addSelectionListener(myListener);
    button8.addSelectionListener(myListener);
    button9.addSelectionListener(myListener);

    buttonAdd.addSelectionListener(myListener);
    buttonPlus.addSelectionListener(myListener);
    buttonMul.addSelectionListener(myListener);
    buttonDiv.addSelectionListener(myListener);

    buttonEqual.addSelectionListener(myListener);

    buttonDot.addSelectionListener(myListener);
    buttonBack.addSelectionListener(myListener);
    buttonC.addSelectionListener(myListener);

    buttonOff.addSelectionListener(myListener);
}
```

2.5 工具栏、菜单与对话框

菜单和工具栏是 GUI 程序中最常见的界面元素，通过菜单或工具栏可以快速执行特定方法和程序逻辑。对话框是实现用户与程序进行信息交换，提高程序交互性的不可或缺的组件。本节以一个简单文本编辑器程序为例，介绍菜单、工具栏的设计及交互处理，以及 Jface 对话框的使用。

2.5.1 文本编辑器程序简介

本节将要开发的文本编辑器运行界面如图 2.34 所示。

第 2 章　Swt 图形界面程序开发

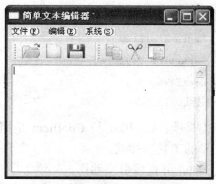
(a)简单文本编辑器

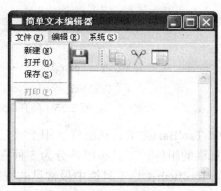
(b)文本编辑器文件菜单

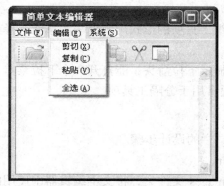
(c)简单文本编辑器编辑菜单

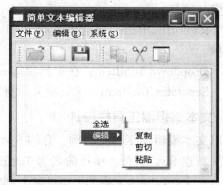
(d)文本编辑器弹出式菜单

图 2.34　文本编辑器运行界面

该文本编辑器的界面主要包括菜单和工具栏的设计。【文件】、【编辑】菜单项的内容如图 2.34 所示，菜单项【系统】包括【关于】与【退出】两项。系统还为文本编辑区域提供了上下文菜单，其内容如图所示。系统工具条是一个包括两个工具组的动态工具条。

文本编辑器实现文本文件的打开、新建、保存等功能，实现文本的复制、剪切和粘贴等功能。

2.5.2　Swt 工具栏设计

工具栏（ToolBar）是一组按钮，工具栏中的一个按钮称为一个工具项（ToolItem），工具项可以是文本显示，也可以是图像，通常大部分的工具项都为图像方式，这样效果更为直观。工具条一般放在菜单下面和窗体的工作区域上方，有时也放在窗体的左侧或右侧。工具条中的工具项通常是程序中一些比较常用的命令，可以为用户提供一种快速使用程序命令的途径。

1. Swt 工具栏与工具项组件

WindowBuilder 组件面板中包含的工具栏和工具项相关的组件放在 Controls 组件组中，如图 2.35 所示。

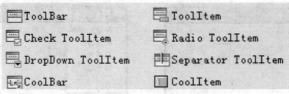

图 2.35　展开 ToolBar 图标后的工具项

其中 ToolBar 为工具栏组件，用于放置若干工具项；CoolBar 与 CoolItem 是用于构建动态工具栏的组件；工具项组件分为 5 种完全互异的工具项样式。

● ToolItem：是工具栏中最常见的按钮工具项，可直接引发动作。
● Check ToolItem：复选工具项，常以一组工具项的形式出现，可同时选择该组工具项中的多个项目。
● Radio ToolItem：单选工具项，常以一组工具项的形式出现，一次只能选择其中一个工具项。
● Dropdown ToolItem：在工具项的右边显示下拉箭头，能打开一个下拉菜单。
● Separator ToolItem：工具项分隔符，通常用于分隔工具项。

2．文本编辑器工具栏设计

现以文本编辑器工具栏为例，介绍 Swt 工具栏的设计步骤。

（1）新建 Swt 项目，项目命名为 TextEditor。

（2）在 ExitEditor 工程的 src 目录下创建 images 文件夹，将文本编辑器中使用的图片文件拷贝到 images 文件夹中。

（3）在工程中新建 Swt Application Window 类，命名为 TextEditor，在设计视图中调整窗体大小至 400,300。设置窗体的 text 属性为"文本编辑器"。

（4）将窗体布局设置为 GridLayout 布局，在窗体的第 0 行第 0 列添加 Swt Control 组件 ToolBar，命名为 toolBar。按图 2.36 所示设置该工具栏的 layoutData 属性。

LayoutData	(org.eclipse.swt.layout...)
exclude	false
grabExcess...	true
grabExcess...	false
heightHint	30
horizont...	FILL
horizontal...	0
horizontal...	1
minimumHeight	0
minimumWidth	0
vertical...	CENTER
verticalIn...	0
verticalSpan	1
widthHint	-1

图 2.36　工具栏的 layoutData 属性设置

图中显示将 layoutData 属性中的 heightHint 设置为 30，这是根据工具项图标大小来设置的，如果该值小于放置在工具项上的图标的高度，将显示不出图标。

（5）在 toolBar 对象添加工具项 ToolItem，命名为 toolItemOpen。设置该工具项按钮的

第 2 章 Swt 图形界面程序开发

image 属性为项目 images 目录下的 open.png 图像文件。

（6）重复步骤（5），添加两个工具项 toolItemNew 和 toolItemSave；然后选择 Separator ToolItem 工具项组件，在工具栏中添加工具项分隔，命名为 toolItemSeparator；再重复步骤（5），添加余下的 3 个工具项 toolItemCopy、toolItemCut 和 toolItempaste。各工具项属性设置如表 2.11 所示。

表 2.11 各工具项属性设置

工具项	属性
toolItemOpen	image: open.png toolTipText:Open File
toolItemNew	image:new.png toolTipText:New
toolItemSave	image:save.png toolTipText:Save File
toolItemSeparator	width:15
toolItemCopy	image:copy.png toolTipText:Copy
toolItemCut	image:cut.png toolTipText:Cut
toolItemPaste	image:paste.png toolTipText:Paste

运行文本编辑器，其运行效果如图 2.37 所示。

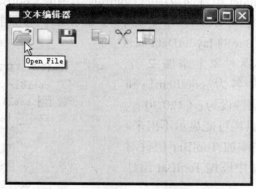

图 2.37 文本编辑器工具栏设计效果

3. Swt 动态工具栏

许多应用程序具有多个工具栏。如开发工具 Eclipse 的工具栏，工具项按类型被分组到不同的工具栏中，这些工具栏是浮动的，可以被拖到不同的位置。我们将这种类型的工具栏称为动态工具栏。

Swt 中提供的动态工具栏组件为 CoolBar。在使用 CoolBar 设计的工具栏中，用户可以动态安排工具栏中的工具条或工具项 CoolItem，可以拖曳工具条或工具项中之间的分隔条，改变工具项显示的顺序。

Swt 动态工具栏 CoolBar 的构成如图 2.38 所示，CoolBar 由若干个动态工具项 CoolItem 构成，每个 CoolItem 实际上是包含一个 ToolBar。

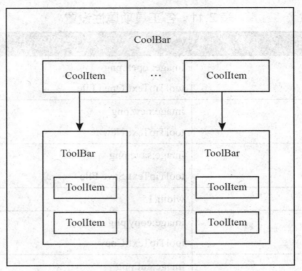

图 2.38 Swt 动态工具栏构成

4. 文本编辑器动态工具栏设计

修改文本编辑器的工具栏为动态工具栏，操作步骤如下。

（1）选择项目中 TextEditor 文件，在设计视图中删除工具栏 toolBar。

（2）选择 WindowBuilder 组件面板中的 Controls 组中的 CoolBar 按钮，然后在窗体第 0 行第 0 列单击，为窗体生成动态工具栏，命名为 coolBar。参照前面被删除的 toolBar 的 layoutData 属性设置 coolBar 的 layoutData 属性。

（3）在 coolBar 容器对象上添加 2 个 CoolItem 对象，分别命名为 coolItem1 和 coolItem2，并将其 size 属性设为：(120,30)。如果 size 设置不合理，工具栏可能显示不出来。

（4）在 coolItem1 中添加 ToolBar 组件对象 toolBar1，在 coolItem2 中添加 ToolBar 组件对象 toolBar2。

（5）参加普通工具栏的设计方法，分别在 toolBar1 和 toolBar2 中添加相关的工具项对象。文本编辑器工具栏的构成如图 2.39 所示。

运行文本编辑器程序，效果如 2.5.1 节中文本编辑器的工具栏所示。

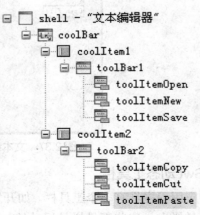

图 2.39 文本编辑器动态工具栏的构成

2.5.3 Swt 菜单设计

菜单是几乎所有 GUI 程序的重要界面元素，它将程序的命令按分组以选择列表的方式呈现出来，增加了程序的可用性。菜单分为依附于窗体的菜单栏和依附于某个组件的弹出式菜单。

1．Swt 菜单栏与菜单项

WindowBuilder 的组件面板中提供了用于开发菜单的 Swt Menu 组，使用该组件面板工具可直观地设计出基于 Swt 的 GUI 程序菜单。Swt Menu 组件面板如图 2.40 所示。

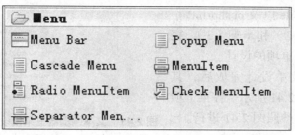

图 2.40　Eclipse VE 的 Swt Menus 组件面板

选择 Swt Menu 组的 Menu Bar 组件，再在窗体上单击，即可创建一个菜单。菜单包含 3 种基本样式如下。

- Menu BAR：定义菜单为依附于窗口的菜单栏。
- Popup Menu：弹出式菜单，必须依附于某个特定的组件。
- Cascade Menu：菜单栏或一个菜单项的子菜单。

菜单项（MenuItem）是包含在菜单栏或子菜单中的可视组件。由 WindowBuilder 的 Swt Menu 组件面板中看出，菜单项包括 4 种互斥样式。

- MenuItem.PUSH：最常用的菜单项，单击能直接引发动作的按钮式菜单。
- MenuItem.Sperator：菜单项间的分隔条。
- MenuItem.Check：复选按钮式的菜单项。
- MenuItem.Radio：单选按钮式菜单项，通常以组的形式存在，同组中一次只能被选中一项。

2．文本编辑器主菜单设计

设计文本编辑器的菜单，步骤如下。

（1）创建菜单栏。单击组件面板 Swt Menu 组的 menu Bar 图标，在 TextEditor 窗体上端单击，即生成一个窗体菜单，命名为 menuBar。

（2）添加子菜单项，在菜单组件面板中选择 Cascade Menu 组件，然后单击组件结构视图中的菜单栏 menuBar，生成子菜单节点，子菜单节点包含 2 个对象，一个为菜单栏的菜单项，命名为 submenuItemFile，一个为子菜单，命名为 submenuFile。选择菜单项 submenuItemFile，在该菜单项的属性视图中将 text 属性值设为："文件（&F）"。

（3）添加菜单项。在菜单组件面板中选择 MenuItem，然后单击组件结构视图中的子菜单 submenuFile，生成菜单项，命名为 menuNew。选择该菜单项，在属性视图中设置其 text 属性值为："新建（&N）"。

（4）重复步骤（3）4 次，依次为子菜单 submenuFile 添加菜单项 pushOpen、pushSave、separatorFile 以及 pushprint。

（5）重复步骤（2）和步骤（3），完成文本编辑器其他菜单项的设计。

文本编辑器主菜单设计完成后，其 Java Beans 视图如图 2.41 所示。各菜单项的命名与文本显示请参照图 2.41 进行。

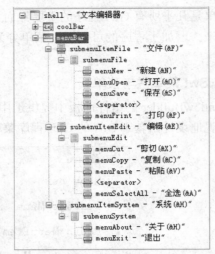

图 2.41　文本编辑器主菜单设计的 Java Beans 视图

3．弹出式菜单

一个 GUI 窗体只能有一个窗体主菜单，但可以为窗体中的组件设计弹出式菜单（又称为上下文菜单）。弹出式菜单将对所依附的组件的操作集中以菜单项列表的方式组织起来，通过单击鼠标右键弹出。因此，弹出式菜单为组件提供了一种快捷方便的操作方式。

4．文本编辑器弹出式菜单设计

设计文本编辑器的编辑区域及其弹出式菜单，操作步骤如下。

（1）在文本框中添加 Text 组件对象。单击 Swt Controls 组件面板中的组件 Text，在 TextEditor 窗体中的第 1 行第 1 列单击，生成文本对象，命名为 textArea。按照要求设置 textArea 对象的属性。

（2）为 textArea 创建弹出式菜单。选择 Swt Menu 组件面板中的 Popup Menu，在组件对象 textArea 上单击，为 textArea 生成弹出式菜单，命名为 menuBarPop。再按照主菜单的设计方法设计该弹出式菜单。弹出式菜单中包含的菜单项和子菜单如图 2.42 所示。

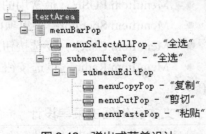

图 2.42　弹出式菜单设计

2.5.4　对话框

在使用 GUI 程序时，用户经常需要与程序进行交互，这种交互有时是程序给用户弹出提示信息，有时需要用户输入数据或者做出选择。对话框是实现用户与程序进行数据交互的组件。

Swt 和 Jface 库中都提供了多种类型的对话框组件，但 Jface 库中的对话框组件提供了更高级的包装，使用起来比 Swt 库中的同类对话框组件更简洁。因此，通常我们直接使用 Jface 对话框组件实现程序与用户的交互。在使用 Jface 库提供的组件前，应该首先在项目中配置 Jface 类库支持。

从对话框的用途上，可以把对话框分为下面几大类。

1. 消息对话框

消息对话框（MessageDialog）主要用于为用户显示提示信息。通常包含 5 种类型的消息，分别如下。

（1）ERROR：错误消息，值为 1。

（2）INFORMATION：一般信息提示，值为 2。

（3）NONE：一般消息，没有表示图标，值为 0。

（4）QUESTION：提问消息，值为 3。

（5）WARING：警告消息，值为 4。

为了使用方便，消息对话框类定义了打开各种类型的消息对话框的静态方法，可以根据需要直接打开相应的对话框，无需创建对象。

（1）static Boolean openError(Shell parent,String title,String message)

打开一个标准的错误消息对话框的静态方法。

（2）static Boolean openInformation(Shell parent,String title,String message)

打开一个标准的消息提示对话框的静态方法。

（3）static Boolean openConfirm(Shell parent,String title,String message)

打开一个标准的对话框的静态方法。单击对话框中的【确定】按钮则返回 true，否则返回 false。

（4）static Boolean openQuestion(Shell parent,String title,String message)

打开一个标准的提问对话框的静态方法。用户单击【是】按钮，返回 true，否则返回 false。

（5）static Boolean openWarning(Shell parent,String title,String message)

打开一个标准的警告对话框的静态方法。

如果上述静态方法不能满足需要，可以通过 messageDialog 的构造方法定制满足要求的对话框，MessageDialog 的构造器方法如下。

```
public MessageDialog( Shell parentShell,          //对话框父窗口
                      String dialogTitle,          //对话框标题，可以设为 null
                      Image dialogTitleImage,      //标题栏图标，可以设为 null
                      String dialogMessage,        //消息正文，显示在对话框正中
                      int dialogImageType,         //消息类型标示图标
                      String [] dialogButtonLabels,//按钮上的字串数组
                      int defaultIndex )           //默认按钮在数组中的索引
```

消息对话框 MessageDialog 使用实例：以消息对话框的方式给出文本编辑器的版本信息。

实现步骤如下。

（1）打开 TextEditor 的组件结构视图，右键单击【系统】子菜单下的【关于】菜单项，为该菜单项添加选择事件处理 widgetSelected，在源代码中自动生成菜单事件处理框架。

（2）在产生的菜单事件处理框架代码中编写代码如下所示。

```
menuAbout.addSelectionListener(new org.eclipse.swt.events.SelectionListener() {
    public void widgetSelected(org.eclipse.swt.events.SelectionEvent e) {
        MessageDialog.openInformation(shell, "系统信息","文本编辑器 1.0 版");
    }
    public void widgetDefaultSelected(org.eclipse.swt.events.SelectionEvent e) {
    }
});
```

程序运行效果如图 2.43 所示。

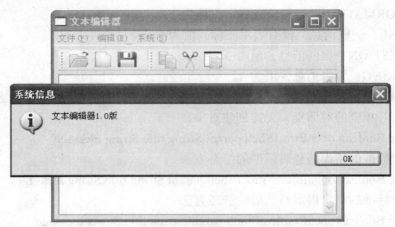

图 2.43　MessageDialog 信息提示对话框的使用

2．输入对话框与向导对话框

输入对话框（InputDialog）与（WizardDialog）通常用于程序要求用户输入交互数据的场合。其中输入对话框使用非常简单方便，但该对话框一次只允许输入一个字符串数据，因此，通常用于输入数据很少的场合。而向导对话框则可以根据需要，设计数据输入向导页，完成复杂的数据输入交互。

由于在本节实例文本编辑器中没有涉及输入对话框和向导对话框的使用，因此，这里不作详细讨论，在后续章节中使用该类对话框时再具体介绍其使用方法。

3．特定应用类对话框

第三大类对话框为特定应用类对话框，常用特定应用类对话框如下。

（1）目录对话框

目录对话框（DirectoryDialog）是一个为用户提供在文件系统中浏览和选择一个目录的对话框。

（2）文件对话框

文件对话框（FileDialog）是一个允许用户浏览系统并选择或输入一个文件名的对话框。本节文本编辑器实例中打开文件功能就会用到文件对话框，该对话框的界面如图 2.44 所示。

（3）颜色对话框

颜色对话框（ColorDialog）是一个允许用户在系统预定义的颜色中选择一种颜色的对话框。

第 2 章 Swt 图形界面程序开发

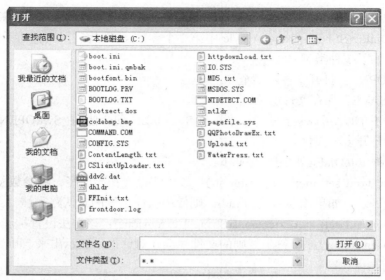

图 2.44 文件对话框

（4）字体对话框

字体对话框（FontDialog）是允许用户在系统可用字体列表中选择一种字体的对话框。该类特定应用对话框的使用方法类似，本节仅以文件对话框的使用（参见 2.5.5 节文本编辑器功能的实现）为例，介绍这类对话框的使用方法。

2.5.5 文本编辑器功能的实现

基本思路：文本编辑器功能的实现实际上是为编辑器各菜单项、工具栏以及弹出式菜单添加事件处理。为了在菜单项与工具栏中实现代码复用，将打开文件、创建文件以及保存文件的功能实现定义在方法中。菜单项与工具栏事件处理中直接调用这些方法实现相关的功能。

文本编辑器功能实现步骤如下。

步骤 1：在 TextEditor 类中定义打开文件方法 openFile()，方法代码如下所示。

```
private void openFile(){
    FileDialog fDialog=new FileDialog(shell,SWT.OPEN);
    fDialog.setFilterNames(new String[]{"*.txt","*.text"});
    String fileName=fDialog.open();
    try {
        BufferedReader bReader=new BufferedReader(new FileReader(fileName));
        String tempStr=null;
        while((tempStr=bReader.readLine())!=null){
            textArea.append(tempStr+"\n");
        }
    } catch (Exception e) {
        // TODO Auto-generated catch block
        e.printStackTrace();
    }
}
```

代码 new FileDialog(sShell,SWT.OPEN)创建一个打开文件对话框，文件对话框构造方法 public FileDialog(SShell parent,int style)中第 2 个参数 style 代表了文件对话框类型。文件对话框类型有如下 3 种类型。
- Swt.OPNE：打开文件对话框。
- Swt.SAVE：保存文件对话框。
- Swt.MULTI：可以选择多个文件，与 Swt.OPEN 配合使用（Swt.OPEN|Swt. MULTI）表示可以选择打开多个文件。

文件对话框 FileDialog 常用方法如下。

（1）public void setFilterPath(String str)：该方法设置初始路径，将参数 str 设置为文件对话框的初始目录。如果该参数值为 null，则使用操作系统的默认路径。

（2）public void setFilterExtensions(String[] extensions)：该方法设置扩展名过滤，只有扩展名符合 extensions 过滤字符串规则的文件才会在对话框中显示出来。可以使用"*.txt"、"*.*"等通配符。

（3）public void setFilterNames(String[] names)：该方法设置文件类型过滤说明，names 数组和 extensions 数组必须长度相等。

（4）public String open()：该方法打开文件对话框，返回值是用户选择的最后一个文件的文件名，返回的是文件的全路径。如果单击对话框中的【取消】按钮，则返回 null。

（5）public String getFileName()：该方法获取所有被选文件名，返回的文件名不包括路径，文件没有文件被选择，则返回空串。

（6）public String getFilterPath()：该方法返回文件对话框所用的目录路径。

步骤 2：在 TextEditor 类中定义创建文件方法 createFile()，方法代码如下所示。

```java
private void createFile(){
    if(textArea.getText().equals(""))
        return;
    if(MessageDialog.openQuestion(sShell,"文件保存提示","保存现有文件吗？")){
        //保存文件代码
        saveFile();
    }
    //新建文件，就是出现空文本区，等待用户输入信息
    textArea.setText("");
}
```

步骤 3：在 TextEditor 类中定义保存文件的方法 saveFile()，方法代码如下所示。

```java
private void saveFile(){
    FileDialog fDialog=new FileDialog(sShell,SWT.SAVE);
    fDialog.setFilterExtensions(new String[]{"*.text","*.txt"});
    fDialog.setFilterNames(new String[]{"文本文件(*:txt)","文本文件(*.text)"});
    String saveFileName=fDialog.open();

    try {
        BufferedWriter bWriter=new BufferedWriter(new FileWriter(saveFileName));
        bWriter.write(textArea.getText());
        bWriter.close();
    } catch (Exception e) {
```

```
            // TODO Auto-generated catch block
            e.printStackTrace();
        }

    MessageDialog.openInformation(sShell, "文件保存提示", "文件保存成功");
    }
```

在保存文件方法中,创建的是一个保存类型的文件对话框。

步骤4:为【打开】菜单项添加事件处理。

打开 TextEditor 的组件结构视图,为【文件】子菜单下的【打开】菜单项添加 widgetSelected 事件处理。在源代码中自动生成菜单事件处理框架。在事件处理代码框架中编写事件处理代码如下所示。

```
menuOpen.addSelectionListener(new org.eclipse.swt.events.SelectionListener() {
    public void widgetSelected(org.eclipse.swt.events.SelectionEvent e) {
        //打开文件,调用文件打开方法
        openFile();
    }
    public void widgetDefaultSelected(org.eclipse.swt.events.SelectionEvent e) {
    }
});
```

步骤5:参照步骤4,为【新建】菜单项和【保存】菜单项添加事件处理。

步骤6:实现【剪切】、【粘贴】、【复制】和【全选】菜单项功能。

参照步骤4,为【剪切】菜单项添加事件处理,事件处理代码如所示。

```
menuCut.addSelectionListener(new org.eclipse.swt.events.SelectionListener() {
    public void widgetSelected(org.eclipse.swt.events.SelectionEvent e) {
        textArea.cut();
    }
    public void widgetDefaultSelected(org.eclipse.swt.events.SelectionEvent e) {
    }
});
```

同理,【粘贴】、【复制】以及【全选】菜单项的事件处理代码如下所示。

```
menuPaste.addSelectionListener(new org.eclipse.swt.events.SelectionListener() {
    public void widgetSelected(org.eclipse.swt.events.SelectionEvent e) {
        textArea.paste();
    }
    public void widgetDefaultSclected(org.eclipse.swt.events.SelectionEvent e) {
    }
});
menuCopy.addSelectionListener(new org.eclipse.swt.events.SelectionListener() {
    public void widgetSelected(org.eclipse.swt.events.SelectionEvent e) {
        textArea.copy();
    }
    public void widgetDefaultSelected(org.eclipse.swt.events.SelectionEvent e) {
    }
});

menuSelectAll  .addSelectionListener(new org.eclipse.swt.events.SelectionListener() {
    public void widgetSelected(org.eclipse.swt.events.SelectionEvent e) {
```

```
            textArea.selectAll();
        }
        public void widgetDefaultSelected(org.eclipse.swt.events.SelectionEvent e) {
        }
    });
```

工具栏与弹出式菜单功能实现与系统主菜单功能实现方法相同，不再累述，请自行完成。

2.6 综合训练一：学生成绩管理系统 V1.0

前面章节分别以独立的单元项目的开发为基础，陆续介绍了基于 Swt 的图形用户界面设计的几个重要主题，包括 Swt 程序开发步骤、基本组件的设计、GUI 交互功能设计、布局与容器以及工具栏、菜单等内容。本节要求开发综合图形用户界面项目：学生成绩管理系统 V1.0 版本。

2.6.1 学生成绩管理系统 V1.0 简介

学生成绩管理系统包含管理员子系统、教师子系统和学生子系统三个模块。其中，教师子系统与学生子系统的界面中涉及数据表格 Table 的使用，将在系统后续版本实现。学生成绩管理系统 V1.0 版本程序界面设计要求如图 2.45 所示。

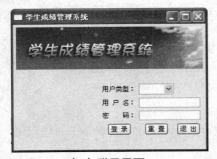

（a）登录界面　　　　　　　　（b）以学生或教师身份登录时提示信息框

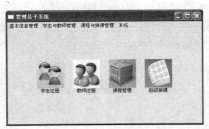

（c）管理员子系统主界面　　　（d）管理员子系统——基本信息管理菜单项

（e）管理员子系统——学生与教师管理菜单项　（f）管理员子系统——课程与排课管理菜单项

图 2.45

（g）管理员子系统——系统菜单项

（h）年级管理界面

（i）班级管理界面

（j）学生注册界面

（k）教师注册界面

图 2.45（续）

2.6.2 登录界面设计

1. 界面布局

登录界面整体布局参照如图 2.46 所示，分为上下两个区域，上部区域是一个放置系统 log 图片的 Label，下部分区域为用户登录区，采用 GridLayout 布局，其布局特点是登录区整体靠窗体右边。

Java 应用开发技术实例教程

图 2.46 登录界面布局

2. 界面组件设计

按要求设计登录界面，界面主要组件命名要求如表 2.12 所示。

表 2.12 登录界面主要组件对象命名

类名：szpt.studentmanage.visualclass.Userlogin；

文件类型：Swt Application Window

控件	对象名	说明
用户类型下拉列表框	userType	用于选择用户类型
姓名输入文本框	textName	用于输入用户姓名
密码输入文本框	textPass	用于输入用户密码
【登录】按钮	buttonLogin	单击【登录】按钮，实现系统登录
【重置】按钮	buttonReset	单击【重置】按钮，实现信息清空
【退出】按钮	buttonExit	单击【退出】按钮，实现系统退出

2.6.3 管理员子系统主界面设计

1. 界面布局

管理员子系统主界面主要由系统菜单和界面中心区的工具栏两部分组成，界面布局参照如图 2.47 所示。

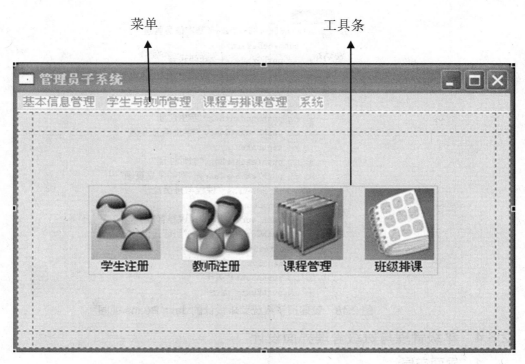

图 2.47　管理员子系统主界面构成

2. 界面组件设计

按要求设计管理员子系统主界面组件，界面主要组件命名要求如表 2.13 所示。

表 2.13　管理员子系统界面主要组件对象命名

类名：szpt.studentmanage.visualclass.AdminMainShell

文件类型：Swt Shell

控件	对象名	说明
学生注册工具项	toolItemStudentReg	工具栏中的学生注册工具项按钮。
教师注册工具项	toolItemTeacherReg	工具栏中的教师注册工具项按钮。
课程管理工具项	toolItemCourseManage	工具栏中的课程管理工具项按钮。
班级排课工具项	toolItemCourseArrange	工具栏中的班级排课工具项按钮。

3. 管理员子系统菜单设计

管理员子系统菜单包括基本信息管理、学生与教师管理、课程与排课管理以及系统等子菜单。菜单结构及菜单项命名如图 2.48 所示。

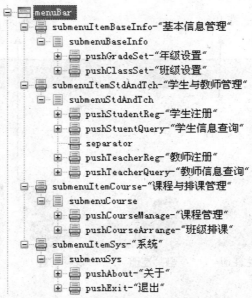

图 2.48 管理员子系统菜单设计的 Java Beans 视图

2.6.4 年级管理与班级管理界面设计

1. 界面布局

学生成绩管理系统的年级与班级管理界面设计非常相似，这仅给出年级管理界面的布局设计参照。年级管理界面布局如图 2.49 所示，采用了 GridLayout 嵌套布局的方式。

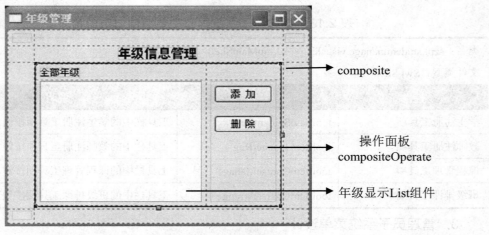

图 2.49 年级管理界面布局

其中 composite 容器采用 GridLayout 布局，compositeOperate 容器的 layoutData 属性中宽度属性 widthHint 值设置为 70，compositeOperate 也采用 GridLayout 布局。

2. 界面组件设计

按要求设计年级信息管理界面组件，界面主要组件命名要求如表 2.14 所示。

第 2 章 Swt 图形界面程序开发

表 2.14 年级信息管理主要组件对象命名

类名：szpt.studentmanage.visualclass.GradeManage

文件类型：Swt Shell

控件	对象名	说明
全部年级列表 List	listGrade	用于以列表方式显示全部年级
【添加】按钮	buttonAdd	用于添加年级的按钮
【删除】按钮	ButtonDele	用于删除所学年级的按钮

按系统要求设计班级信息管理界面组件，界面主要组件命名要求如表 2.15 所示。

表 2.15 班级管理界面主要组件对象命名

类名：szpt.studentmanage.visualclass.ClassManage

文件类型：Swt Shell

控件	对象名	说明
年级选择下拉框	comboGradeSele	用于选择年级
班级显示列表	listClass	用于显示所选年级的所有班级
【添加】按钮	buttonAdd	单击【添加】按钮，实现新班级添加
【删除】按钮	buttonDele	单击【删除】按钮，实现班级的删除

2.6.5 学生和教师注册界面设计

1. 界面布局

学生和教师注册界面可以直接采用 GridLayout 布局实现，学生注册界面布局参照如图 2.50 所示。

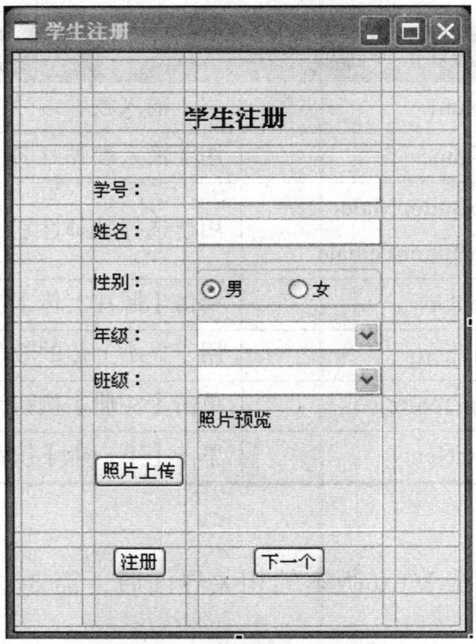

图 2.50 学生注册界面布局

2. 界面组件设计

按要求设计学生注册界面，其界面主要组件命名要求如表 2.16 所示。

表 2.16　学生注册界面主要组件对象命名

类名：szpt.studentmanage.visualclass.StudentReg

文件类型：Swt Shell

控件	对象名	说明
学号输入文本框	textNum	用于输入学生学号
姓名输入文本框	textName	用于输入学生姓名
性别单选按钮	radioButtonMale radioButtonFemale	用于选择学生性别
年级选择下拉框	comboGrade	用于选择学生所在年级
班级选择下拉框	comboClass	用于选择学生所在班级
【照片上传】按钮	buttonUp	单击【照片上传】按钮，实现照片上传
照片预览标签	labelPhoto	用于显示上传的学生照片
【注册】按钮	buttonStuReg	单击【注册】按钮，实现学生注册
【下一个】按钮	buttonNext	单击【下一个】按钮，实现下一个学生注册

按要求设计教师注册界面，其主要界面组件对象命名如表 2.17 所示。

表 2.17　教师注册界面主要组件对象命名

类名：szpt.studentmanage.visualclass.TeacherReg

文件类型：Swt Shell

控件	对象名	说明
编号输入文本框	textNum	用于输入教师编号
姓名输入文本框	textName	用于输入教师姓名
性别单选按钮	radioButtonMale radioButtonFemale	用于选择教师性别
【照片上传】按钮	buttonUp	单击【照片上传】按钮，实现照片上传
照片预览标签	labelPhoto	用于显示上传的教师照片
【注册】按钮	buttonTchReg	单击【注册】按钮，实现教师注册
【下一个】按钮	buttonNext	单击【下一个】按钮，实现下一位教师的注册

2.6.6　系统集成

设计好学生成绩管理系统 V1.0 版本的相关界面后，需要对系统进行集成。

1. 实现管理员的登录

如果登录用户类型为"管理员",跳转到管理员子系统界面;如果用户类型为"教师"或"学生",弹出信息提示窗口,如图 2.51 所示。

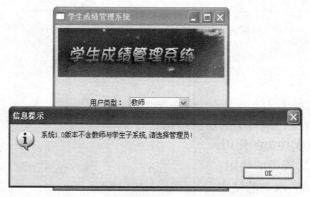

图 2.51 用户类型为"教师"或"学生"时运行状态

2. 实现管理员子系统功能的集成

(1)实现管理员子系统菜单事件处理

包括年级设置、班级设置、学生注册、教师注册、关于和退出等菜单项。

(2)实现管理员子系统工具栏事件处理

包括学生注册和教师注册工具项事件处理。

第 3 章 Java 对象的容纳

本章要点

- Java 集合框架、集合类的层次结构；
- List 接口及实现类的使用；
- Set 接口及实现类的使用；
- Map 接口及实现类的使用；
- 对象的持久化概念与方法。

在实际软件系统开发中，如何有效组织数据始终是一个非常重要的问题。通常，使用数组是一个很好的选择，但前提是需要事先明确知道将要保存的对象的数量。一旦在数组初始化时指定了这个数组长度，这个数组长度就是不可变的。如果需要保存一个动态变化的数据集合，数组就显得力不从心了。此时，可以使用 Java 的集合类。集合类用于组织对象并提供相关的操作，因此集合类也称为容器类。本章主要介绍 Java 集合框架、Java 集合类的使用；此外，还介绍了在实现电话簿程序中涉及的对象的持久化概念与方法。

3.1 电话簿程序简介

本章将以电话簿程序的开发为例，展示 Java 主要集合类的使用和 Java 对象的存储方法。电话簿程序的界面如图 3.1 所示。主要功能要求包括：

（1）联系人信息（包括联系人姓名与电话号码）以文件形式进行保存；

（2）默认情况下，在界面的 List 控件中显示所有联系人的信息；

（a）电话簿程序主界面

（b）电话簿程序添加联系人界面

第 3 章　Java 对象的容纳

（c）电话簿程序快速搜索示例

（d）【保存电话簿】功能

图 3.1　电话簿程序的界面

（3）具有添加联系人、删除联系人等基本功能；

（4）具有按姓名快速搜索联系人的功能，即在搜索文本框中输入搜索关键字时，在 List 控件中实时显示姓名中包含搜索关键字的所有联系人信息。

实现电话簿程序的核心问题就是数据的组织与存储，即如何在程序中组织长度不断变化的联系人信息？以什么样的方式保存与读取联系人信息更为方便？

3.2　Java 集合框架

Java 集合类指 Java 中设计用于容纳对象的各种数据结构，通常也称为容器类。Java 集合框架则指由 Java 集合类以及相关操作构成的体系结构。集合框架一般都应该包含三大块内容：接口、接口的实现和对集合运算的算法。

Java 2 之前，Java 是没有完整的集合框架的，而是由一些简单的可以自扩展的容器类组成，比如 Vector、Stack、Hashtable 等。Java 2 进行了重新设计，是一种真正意义上的集合框架的实现。同时，为了达到向下兼容的目的，Java 2 对 Java 1 中的一些容器类库进行了保留。一般情况下，当用 Java 2 及后续 Java 版本开发程序时，Java 2 的集合框架已经完全可以满足开发需求。因此，本章仅涉及 Java 2 中集合框架的内容。

3.2.1　Java 集合类层次结构

Java 2 中的集合框架提供了一套设计优良的接口和类，其层次结构如图 3.2 所示。

图中的点线框代表接口，虚线框代表抽象类，实线框代表实现类。图中表示的接口和类，可以划分为两个不同的概念。

（1）集合（Collection）：一组遵循某种规则的独立元素。分为两个分支，一个是包括按某种特定顺序组织的列表（List）；一个是不能包含重复元素的集合（Set）。

（2）映射（Map）：一系列"键—值"对，其实现不依赖于 Collection，而是自成一体。但从 Map 中可以返回自己键的一个 Set 或者包含自己值的 List。

List、Set 以及 Map 构成了 Java 集合框架的核心，掌握 List、Set 和 Map 接口及其各具体实现子类的使用是学习 Java 集合框架的关键。

Java 应用开发技术实例教程

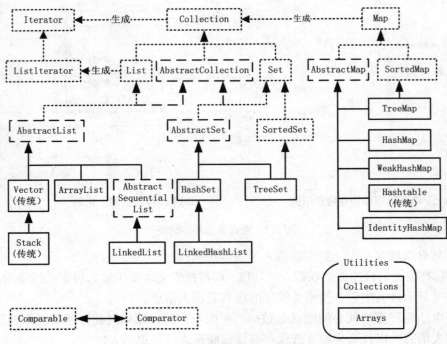

图 3.2 Java 集合框架示意图

3.2.2 Collection 接口与 Iterator 接口

Collection 接口与 Iterator 接口是 Java 集合框架中非常重要的两个接口。Collection 接口中定义了 List 和 Set 类型容器类的一般操作方法,包括添加、删除等操作;Iterator 接口向应用程序提供了遍历 Collection 集合元素的统一编程接口,隐藏了各具体实现子类的实现细节,使遍历各种 List 与 Set 的操作方法相同。

表 3.1 和表 3.2 分别列出了 Collection 接口和 Iterator 接口的常用方法。

表 3.1 Collection 接口的常用方法

方法名	方法说明
boolean add(Object)	向集合中添加对象,如果是 Set,不能重复添加
boolean addAll(Collection)	将方法参数所表示的集合添加到集合中
void clear()	删除集合类的所有元素
boolean contains(Object)	判断集合是否包含某个对象,包含返回 true
boolean containsAll(Collection)	判断集合是否包含参数集合,包含返回 true
boolean isEmpty()	若集合内没有元素,返回 true
Iterator iterator()	返回一个迭代器,可以用它遍历集合各元素
boolean remove(Object)	如果集合包含包含参数对象,则删除
boolean removeAll(Collection)	删除参数集合中的所有元素

续表

方法名	方法说明
boolean retainAll(Collection)	保留集合与参数集合的交集，有任何的改变，返回 true
int size()	返回集合元素数量
Object[] toArray()	返回包含集合所有元素的一个数组

表 3.2　Iterator 接口的常用方法

方法名	方法说明
boolean hasNext()	判断集合中是否还有下一个元素，是则返回 true
Object next()	返回下一个集合元素对象
void remove()	删除 Interator 生成的上一个元素

3.3 使用 Lists

3.3.1 Lists

集合框架中的 Lists 包括 List 接口、ArrayList 实现类和 LinkedList 实现类。List 接口对 Collection 接口进行了扩展，添加了一些针对列表的操作方法。

ArrayList 是最为通用的一个 List 的实现类，通常用于替换原先的 Vector。ArrayList 允许快速访问元素，但在从列表中插入和删除元素时，速度稍慢。LinkedList 实现类是一种使用链表实现的列表，提供了优化的顺序访问性能，可以高效率地在列表中进行插入和删除操作，但在进行随机访问时，速度却相当的慢。

在实际系统开发中，我们需要根据具体的需求选择合适的 List 实现类。电话簿程序中，最为主要的操作是对联系人信息进行遍历，包括所有联系人信息的显示、联系人信息快速搜索、联系人信息的存储等。联系人信息的添加也无需在列表中间进行，而删除操作可以通过索引号直接进行。因此，在电话簿程序实现中，可以采用 ArrayList 组织联系人数据，并完成相关的功能。

3.3.2 使用 List 实现电话簿程序

1. 创建 Swt/Jface Java Project

工程命名为：Phonebook。

2. 创建主程序窗体

新建一个 Swt Application Window 类，命名为 PhoneBookApp。按照图 3.1 所示设计程序主界面。要求界面主要组件命名如表 3.3 所示。

表 3.3　PhoneBookApp 窗体中主要组件命名

类名：PhoneBookApp
文件类型：Swt Application Window

续表

控件	对象名	说明
搜索文本框	textSearch	用于输入联系人搜索关键字
联系人信息列表框	ListPhone	用于显示联系人姓名与电话号码信息
【添加联系人】按钮	buttonAdd	单击该按钮，添加新联系人
【删除联系人】按钮	buttonDelete	单击按钮，删除被选中的联系人
【保存电话簿】按钮	buttonSave	单击按钮，实现电话簿信息的保存

3. 创建添加联系人界面

新建一个 Swt Shell 类，命名为 AddShell。按要求设计界面。要求界面中主要组件命名如表 3.4 所示。

表 3.4 添加联系人界面主要组件命名

类名：AddShell
文件类型：Swt Shell

控件	对象名	说明
输入姓名文本框	textName	用于输入新联系人姓名
输入电话号码文本框	TextPhone	用于输入新联系人电话号码
【添加】按钮	buttonAdd	单击该按钮，添加新联系人

4. 创建 Person 类

联系人信息包括姓名与电话号码，联系人类 Person 代码如下所示：

```java
public class Person {
    private String name;
    private String telephone;
    public Person(String name,String telephone){
        this.name=name;
        this.telephone=telephone;
    }
    public String getName() {
        return name;
    }
    public void setName(String name) {
        this.name = name;
    }
    public String getTelephone() {
        return telephone;
    }
    public void setTelephone(String telephone) {
        this.telephone = telephone;
    }
    public String toString(){
        return this.name+"        "+this.telephone;
    }
}
```

第 3 章　Java 对象的容纳

5. 定义并创建用于存储联系人信息的 ArrayList 对象

在 PhoneBookApp 中定义联系人列表变量 phoneBookList，用于保存联系人信息，并在构造器方法中实现对象的创建。代码如下。

```
public static ArrayList<Person> phoneBookList ;

public PhoneBookApp() {
      phoneBookList = new ArrayList();//在构造器方法中创建联系人列表
}
```

phoneBookList 定义为静态变量，因为在添加联系人界面中需要将联系人对象添加到列表中。ArrayList<Person>是 Java 1.5 中新添加的泛型特性，表示放入 ArrayList 中的是 Person 对象。

6. 联系人信息显示功能的实现

步骤 1：定义联系人信息显示方法。

在 PhoneBookApp 类中定义列表显示方法 listToDisplay（ ）。实现该方法的基本思路是使用 Iterator 迭代器对列表进行遍历，逐个取出每一条联系人信息，添加到 List 控件中。代码如下。

```
public static void listToDisplay() {
    listPhone.removeAll();
    if(phoneBookList.size()<1){
      return ;
    }
    Iterator iter=phoneBookList.iterator();
    Person aPerson=null;
    while(iter.hasNext()){
      aPerson=(Person)iter.next();
      listPhone.add(aPerson.getName()+"    "+aPerson.getTelephone());
    }
}
```

在实现添加联系人和删除联系人功能时，listToDisplay()方法都将会被调用，因此，该方法被定义为静态方法。

步骤 2：调用 listToDisplay()方法，实现联系人信息的显示。

在主界面生成方法 createContents()中的列表对象 listPhone 创建代码的后面，添加调用方法的代码如下。

```
protected void createContents() {
    ……
    listPhone = new List(shell, SWT.BORDER | SWT.V_SCROLL);
    listToDisplay();
    ……
}
```

7. 【添加联系人】功能的实现

步骤 1：为【添加联系人】按钮添加事件处理代码如下。

```
buttonAdd.addSelectionListener(new SelectionAdapter() {
      public void widgetSelected(SelectionEvent e) {
```

75

```
            AddShell addShell=new AddShell(Display.getDefault());
            addShell.open();
        }
});
```

步骤 2：为添加新联系人界面中的【添加】按钮编写事件处理代码如下。

```
buttonAdd.addSelectionListener(new SelectionAdapter() {
    public void widgetSelected(SelectionEvent e) {
        String name=textName.getText();
        String phone=textPhone.getText();
        Person person=new Person(name,phone);
        PhoneBookApp.phoneBookList.add(person);
        PhoneBookApp.listToDisplay();
        AddShell.this.dispose();
    }
});
```

8.【删除联系人】功能的实现

为【删除联系人】按钮添加事件处理，代码如下。

```
buttonDelete.addSelectionListener(new SelectionAdapter() {
        @Override
        public void widgetSelected(SelectionEvent e) {
            //选择被选中的人，从列表中删除,更新 list 显示
            int deleteIndex=listPhone.getSelectionIndex();
            phoneBookList.remove(deleteIndex);
            listToDisplay();
        }
});
```

ArrayList 是一个顺序列表，因此可以通过索引号直接删除列表中的元素。

9. 联系人快速搜索功能的实现

为搜索文本框控件添加 ModifyEvent 事件处理，文本框输入内容的任何变化均会导致事件的触发。事件处理代码如下所示。

```
textSearch.addModifyListener(new ModifyListener() {
        public void modifyText(ModifyEvent arg0) {
            listPhone.removeAll();
            String searchText=textSearch.getText();
            Iterator iter=phoneBookList.iterator();
            while(iter.hasNext()){
                Person aPerson=(Person)iter.next();
                if(aPerson.getName().indexOf(searchText)>0
                  ||aPerson.getName().indexOf(searchText)==0)
                    listPhone.add(aPerson.toString());
            }
        }
});
```

3.3.3 使用对象持久化保存电话簿联系人对象

通讯录程序需要保存联系人数据。当然，我们可以将联系人信息从联系人对象中分解出来以基本数据类型的形式保存到文件中，但这种处理方式显得非常繁琐，并且从文件中恢复数据也很麻烦。可以采用一种更为有效的方式来处理，即利用 Java 的对象持久化技术直接将联系人对象状态保存到文件中。

1. Java 对象持久化

Java 对象的持久化技术是指将 Java 对象状态进行保存的技术。对象的"寿命"通常随着生成该对象的程序的终止而终止。有时需要将对象的状态保存下来，在需要时再将对象恢复。通常，Java 对象持久化技术包括 3 种技术。

- 使用 Java 中的序列化技术，即：输入输出流（I/O）；
- 使用 XML 技术；
- 使用数据库的技术。

2. 电话簿程序【保存电话簿】功能的实现

步骤 1：实现接口 Serialiazable。

Java 中只有实现了 java.io.Serialization 的类的对象才能被序列化，才能使用输入流将对象保存到文件中。因此，修改 Person 类的定义如下。

```java
public class Person implements java.io.Serializable{
    ......
}
```

步骤 2：使用 ObjectOutputStream 实现电话簿数据的保存

在 PhoneBookApp 类中定义 savePhoneList()方法，实现联系人数据的保存。

```java
public void savePhoneList() {
    try {
        FileOutputStream fout
                = new FileOutputStream("phonelist.data");
        ObjectOutputStream out=new ObjectOutputStream(fout);
        Iterator iter=phoneBookList.iterator();
        while(iter.hasNext()){
            Person aPerson=(Person)iter.next();
            out.writeObject(aPerson);
        }
        out.close();
    } catch (FileNotFoundException e) {
        e.printStackTrace();
    } catch (IOException e) {
        e.printStackTrace();
    }
    MessageDialog.openInformation(shell, "保存电话簿"
        ,"成功保存电话簿");
}
```

步骤 3：为【保存电话簿】按钮添加事件处理，代码如下。

```
buttonSave.addSelectionListener(new SelectionAdapter() {
    public void widgetSelected(SelectionEvent e) {
        savePhoneList();
    }
});
```

与 ObjectOutputStream 相对应，可以使用 ObjectInputStream 从流中读取对象。在电话簿程序中，可以使用"phonelist.list"文件中的联系人对象数据构建程序中的初始列表，并在程序启动时就将这些联系人数据显示在 List 控件中。此功能请自行完成（见本章 3.6 节"实战演练"）。

3.4 使用 Set

3.4.1 Set

集合框架中的 Set 指 Set 接口和所有 Set 接口的实现类。Set 接口也是 Collection 的一种扩展，与 List 不同的是，在 Set 中的对象元素不能重复，加入 Set 的每个元素必须是唯一的，否则，Set 是不会把它加进去的。Set 通过集合中的对象的 equals()方法来判断对象的唯一性，因此，加入到 Set 中的对象必须重写 Object 中的 equals()方法。Set 的常用具体实现有 HashSet 和 TreeSet 类。

HashSet 类是为优化查询速度而设计的无序 Set，它能快速定位一个元素。这是因为 HashSet 使用了"专为快速查找而设计"的散列函数 hashCode()，通过对象的 hashCode()决定存放的位置。因此要放进 HashSet 里面的 Object 还得定义 hashCode()。当需要把某个类的对象保存到 HashSet 集合中时，我们在重写这个类的 equlas()方法和 hashCode()方法时，应该尽量保证两个对象通过 equals()方法比较返回 true 时，它们的 hashCode()方法返回值也相等。

TreeSet 是一个有序的 Set，其底层是一颗树。这样你就能从 Set 里面提取一个有序序列了。这就要求放入其中的对象是可排序的，并用到了集合框架提供的另外两个实用类 Comparable 和 Comparator。一个类是可排序的，它就应该实现 Comparable 接口。有时多个类具有相同的排序算法，那就不需要在每个类分别重复定义相同的排序算法，只要实现 Comparator 接口即可。

3.4.2 使用 Set 重新实现电话簿程序

HashSet 是最为常用的 Set 实现类，尽管 HashSet 最为经典的使用场合是大量数据的快速查找。但为了展示 HashSet 的用法以及与 List 的区别，本节仍然以电话簿程序为例，介绍 HashSet 的使用方法。在电话簿程序中使用 HashSet 最为突出的特点是，可以避免重复加入相同联系人信息。

使用 HashSet 重新实现电话簿程序的过程如下。

1. 修改工程名 phonebook 为 phonebook_Set

在 Package Explorer 视图中右键单击 phonebook 工程，选择[Refactor] | [Rename…]，在弹出的对话框中输入新的工程名 phonebook_Set。

2. 在 Person 类中实现 equals()方法和 hashCode()方法

HashSet 中的对象必须实现 equals()方法和 hashCode()方法。其中 equals()方法实现两个对象的比较，当两个对象状态相同时，返回 true；hashCode()方法则针对不同的对象值，按照设计的散列方法，返回不同的 hashCode 值，hashCode 值决定对象的存放地址。两者必须同时满足才能允许一个新元素加入 HashSet。但是要注意的是：如果两个对象的 hashCode 相同，但是它们的 equlas 返回值不同，HashSet 会在这个位置用链式结构来保存多个对象。

在 Person 类中实现 equals()方法的代码如下。

```java
public boolean equals(Object arg0) {
    Person otherPerson=(Person)arg0;
    if(this.name.equals(otherPerson.getName())
            &this.telephone.equals(otherPerson.getTelephone())) 
        return true;
    else
        return false;
}
```

在实现 Person 类的 hashCode()方法时，考虑到 Person 的两个实例变量类型均为 String 类型，我们就直接采用 String 中的 hashCode()构建 Person 对象的 hashCode 值。Person 类中实现的 hashCode()方法如下。

```java
public int hashCode() {
    return this.name.hashCode()+this.telephone.hashCode();
}
```

3. 定义并创建用于存储联系人信息的 HashSet 对象

将工程中 honeBookApp 中定义联系人列表变量 phoneBooklist，改为 HashSet 类型的变量 phoneBookSet。并在构造器方法中实现对象的创建，代码如下。

```java
public static HashSet phoneBookSet ;

public PhoneBookApp() {
    phoneBookSet = new HashSet();
}
```

4. 联系人信息显示功能的实现

修改在 phoneBookApp 类中定义的列表显示方法 listToDisplay()，在该方法中实现对 HashSet 的遍历，并将对象逐个取出显示在 List 控件中。代码如下。

```java
public static void listToDisplay() {
    listPhone.removeAll();
    if(phoneBookSet.size()<1){
        return ;
    }
    Iterator iter=phoneBookSet.iterator();
    Person aPerson=null;
    while(iter.hasNext()){
        aPerson=(Person)iter.next();
        listPhone.add(aPerson.getName()+"   "+aPerson.getTelephone());
    }
}
```

从代码中可以看出，Set 的遍历方法与 List 相同，均可采用 Iterator 进行对象的遍历。

5.【添加联系人】功能的实现

在原有代码上，修改添加新联系人界面中的【添加】按钮的事件处理代码如下。

```
buttonAdd.addSelectionListener(new SelectionAdapter() {
    public void widgetSelected(SelectionEvent e) {
        String name=textName.getText();
        String phone=textPhone.getText();
        Person person=new Person(name,phone);
        if(!PhoneBookApp.phoneBookSet.add(person)){
            MessageDialog.openInformation(AddShell.this
                    ,"添加联系人","该联系人已经存在,不能重复添加！");
        }
        PhoneBookApp.listToDisplay();
        AddShell.this.dispose();
    }
});
```

对于 Set 而言，不允许存在相同的对象，因此，如果对象在集合中已经存在，方法 add（Object）将不再添加该对象，并返回 false。

6.【删除联系人】功能的实现

HashSet 中的元素是无序的，无法与 ArrayList 一样使用元素的索引号来删除元素，而是直接通过判断对象来删除元素。修改【删除联系人】按钮的事件处理代码如下。

```
buttonDelete.addSelectionListener(new SelectionAdapter() {
    public void widgetSelected(SelectionEvent e) {
        int deleteIndex=listPhone.getSelectionIndex();
        String personStr=listPhone.getItem(deleteIndex);
        java.util.StringTokenizer tokenizer
                =new java.util.StringTokenizer(personStr," ");
        String name=tokenizer.nextToken();
        String phone=tokenizer.nextToken();
        Person deletePerson=new Person(name,phone);
        phoneBookSet.remove(deletePerson); //集合元素的删除
        listToDisplay();
    }
});
```

通过联系人信息的显示、添加联系人以及删除联系人功能的实现，我们较为完整地体会了 Set 与 List 的遍历、添加元素以及删除元素的异同。请读者自行完成尚未完成的功能，如【保存电话簿】，显示保存在文件中的已有联系人、联系人快速搜索等功能（参加 3.6 节"实战演练"）。

3.5 使用 Map

3.5.1 Map

集合框架中的 Map 指 Map 接口和所有 Map 接口的实现类。Map 接口不是 Collection

接口的继承。Map 用于保存具有"映射关系"的数据,即 Map 中存储的元素"键值对",保存着两组值,一组值用于保存 Map 里的 key,另外一组值用于保存 Map 里的 value。key 和 value 都可以是任何引用类型的数据。Map 的 key 不允许重复,即同一个 Map 对象的任何两个 key 通过 equals 方法比较结果总是返回 false。Map 接口有多个实现类(见图 3.2),其中最为常用的实现类是 HashMap 类和 TreeMap 类。

和 HashSet 集合不能保证元素的顺序一样,HashMap 也不能保证 key-value 对的顺序。并且类似于 HashSet 判断两个 key 是否相等的标准也是:两个 key 通过 equals() 方法比较返回 true,同时两个 key 的 value 也必须相等。

TreeMap 是一个有序 Map,采用红黑树数据结构,每个 key-value 对作为红黑树的一个节点。TreeMap 存储 key-value 对(节点)时,需要根据 key 对节点进行排序。因此 TreeMap 可以保证所有的 key-value 对处于有序状态。

Map 接口的常用方法如表 3.5 所示。

表 3.5 Map 接口的常用方法

方法名	方法说明
Object put(Object key,Object value)	向 Map 中存入一个键值对
Object get(Object key)	根据 key 取得对应的值
void clear()	清空 Map 中的所有元素
boolean containsKey(Object key)	判断 Map 中是否存在某键(key)
boolean containsValue(Object value)	判断 Map 中是否存在某值
boolean isEmpty()	判断 Map 是否为空
int size()	返回键值对个数
boolean remove(Object key)	根据 key 移除一个键值对,并将值返回
Set keyset()	以集合 Set 形式返回所有的键(key)
Collection values()	返回所有值的集合
Set entrySet()	返回一个实现 Map.Entry 接口的元素

3.5.2 随机数生成性能测试程序

本小节将以随机数生成性能测试程序的开发为例,介绍 Map 接口和实现类的使用方法,随机数生成性能测试程序的界面如图 3.3 所示。

随机数生成性能测试程序的主要功能是对 java.util.Random 类产生随机整数的性能进行测试。当给定产生随机整数的个数和范围后,单击按钮【重新产生】,将生成的随机数及其对应的个数结果显示在 List 控件中,并计算出所有随机数的平均值。从随机数的分布情况和随机数的平均值可以分析出 java.util.Random 类产生随机数的性能。理论上,随机数个数越多,随机数的平均值应更接近随机数范围的中位值。

Java 应用开发技术实例教程

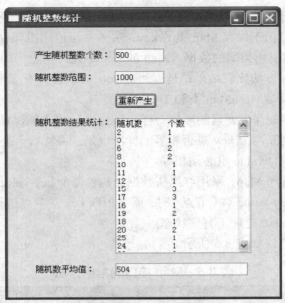

图 3.3　随机数生成性能分析程序

3.5.3　使用 Map 实现随机数生成性能测试程序

显然随机数生成性能测试程序中的数据为"随机数—随机数个数"键值对，因此，我们使用 Map 存储生成的随机数。这里采用 Hashmap 实现类。实现该程序的基本过程如下。

1．创建 Swt/Jface Java Project

工程命名为：RandomAnalysis。

2．创建主程序窗体

新建一个 Swt Application Window 类，命名为：RandomProduceApp。按照图 3.3 所示设计程序主界面。要求界面主要组件命名如表 3.6 所示。

表 3.6　RandomProduceApp 窗体中主要组件命名

类名：RandomAnalysis

文件类型：Swt Application Window

控件	对象名	说明
随机数个数文本框	textNum	用于输入产生随机数的个数
随机整数范围文本框	textTo	用于输入产生的随机数的范围
【重新产生】按钮	buttonProduce	单击该按钮，产生随机数并显示结果
信息显示列表	listDisplay	用于显示随机数及其对应个数的 List
平均值文本框	TextAverage	用于显示随机数平均值

第 3 章　Java 对象的容纳

3. 创建 RandomInt 类，并为其实现 equals()方法和 hashCode()方法

Map 中的键与值都只能是对象，理论上可以直接使用 Integer 作为 key 对应的类，但为了展示 Hashmap 中对象的结构，设计 RandomInt 类。因为使用 HashMap，还需要实现 equals()方法和 hashCode()方法，代码如下。

```java
public class RandomInt {
    private int intValue;
    public RandomInt(int randomInt){
        this.intValue=randomInt;
    }

    public int getRandomInt() {
        return intValue;
    }

    @Override
    public boolean equals(Object obj) {
        if(!(obj instanceof RandomInt))
            return false;
        RandomInt randomObj=(RandomInt)obj;
        if(this.intValue==randomObj.getRandomInt())
            return true;
        else
            return false;
    }

    @Override
    public int hashCode() {
        return this.intValue;
    }
}
```

该程序中，对于 Map 中的值对象我们直接使用 Integer。

4. 定义并创建用于存储随机数和随机数个数值对的 HashMap 对象

在 RandomProduceAppApp 中定义 HashMap 变量 randomIntMap，代码如下。

```java
private HashMap<RandomInt,Integer> randomIntMap=new HashMap();
```

5. 程序功能的实现

为【重新产生】按钮添加事件处理代码如下。

```java
buttonProduce.addSelectionListener(new SelectionAdapter() {
    public void widgetSelected(SelectionEvent e) {
        int randomNum = Integer.parseInt(textNum.getText().trim());
        int randomRange = Integer.parseInt(textTo.getText().trim());
        int aRandomInt = 0; // 产生的随机整数
        Integer valueInteger = null; // Map 中的值对象
        Random random = new Random(); // 创建随机数生成对象
        randomIntMap.clear(); // 清空 map
        int value=0;
        // 该循环产生随机整数，存入 map 中
```

83

```java
        for (int i = 0; i < randomNum; i++) {
            aRandomInt = random.nextInt(randomRange);
            RandomInt key = new RandomInt(aRandomInt);
            valueInteger = randomIntMap.get(key);
            value = 0;
            if (valueInteger == null)
                value = 1;
            else
                value = valueInteger.intValue() + 1;
            randomIntMap.put(key, new Integer(value));
        }

        listDisplay.removeAll();
        listDisplay.add("随机数" + "          个数");
        int sum = 0;
        Set<RandomInt> set = randomIntMap.keySet();
        //该循环遍历 map 并显示 map 值对
        for (Iterator iterator = set.iterator();iterator.hasNext();){
            RandomInt key = (RandomInt) iterator.next();
            valueInteger = randomIntMap.get(key);
            value = valueInteger.intValue();
            sum = sum + key.getRandomInt() * value;
            System.out.println("sum=" + sum);
            listDisplay.add(key.getRandomInt() + "              " + value);
        }
        textAverage.setText(sum / randomNum + "");
    }
});
```

3.6 实战演练

（1）完成电话簿程序已有联系人信息的显示。电话簿程序已有联系人数据以对象形式保存在文件 phonelist.data 中。要求使用 ObjectInputStream 读取 phonelist.data 中的联系人对象，用于初始化程序中存储联系人的 ArrayList 对象，并将其显示在 List 控件中。

（2）完成使用 HashSet 实现的电话簿程序，包括：

①完成【保存电话簿】功能；

②完成电话簿程序已有联系人信息的显示；

③完成联系人快速搜索功能。

第 4 章 网络数据库连接基础

本章要点

- JDBC 数据库技术与体系结构；
- 数据库应用开发环境配置；
- JDBC 数据库连接基础；
- 通用数据库操作类的设计；
- 使用 JDBC 实现学生成绩管理系统 V2.0。

许多应用程序都会涉及数据处理，因此，数据库连接与处理技术是应用系统开发中的一个重要主题。本章主要介绍 Java 数据库连接技术 JDBC，内容包括 JDBC 技术体系、JDBC 数据库连接基础以及一般步骤。并以学生成绩管理系统 V2.0 的实现为例，介绍了在 Java GUI 程序中使用 JDBC 实现数据库的查询、插入、删除等基本数据库操作的方法。

4.1 JDBC 技术与数据库开发环境配置

4.1.1 JDBC 技术

JDBC（Java Database Connectivity）是 Java 语言提供的统一的、标准的数据库访问 API。JDBC 体系主要由 JDBC 驱动管理和 JDBC API 两部分组成，如图 4.1 所示。

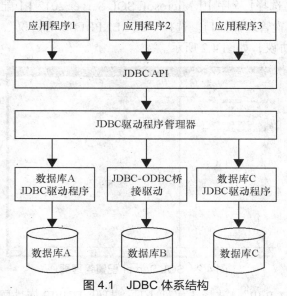

图 4.1 JDBC 体系结构

JDBC 驱动由驱动管理器与各具体数据库的驱动实现组成。各数据库厂商依据 JDBC 定义的接口标准提供具体数据库的驱动实现，驱动程序管理器则负责为应用程序装载数据库驱动程序。JDBC API 由一些类和接口组成，放在 Java 核心类库 java.sql 包中。JDBC API 屏蔽了不同数据库驱动程序之间的差别，使程序员通过统一的通用的途径和方法访问并操作各种数据库。

大多数常用数据库均提供了 JDBC 驱动的实现，然而，也有部分没有提供 JDBC 驱动的数据库。对于没有提供 JDBC 驱动的数据库，可以通过 JDBC-ODBC 桥接器访问数据库，JDBC-ODBC 驱动的实现由 SUN 公司提供。

4.1.2 数据库开发环境配置

1. SQL Server 2012 数据库安装

SQL Server 2012 共分为 5 个版本：Enterprise（企业版）、Development（开发版）、Workgroup（工作群版）、Standard（标准版）以及 Express（简易版）。其中企业版只能安装在 Windows 2003 Server 或其他 Server 版本上。如果使用 Windows XP 操作系统，一般安装 SQL Server Development 版本或者 Express 版本。Development 版本的功能与 Enterprise 版本一样，只是授权不同。SQL Server Express 版本是免费版本，适用于小型应用程序或者单机应用程序，此外，相比其他版本，在功能上也有一定的限制，如只能使用一个处理器，支持最大数据库大小为 4GB。

根据使用的操作系统，选择 SQL Server 2012 的安装版本后，依照安装向导进行数据库的安装。

2. SQL Server2012 数据库配置

数据库安装好后，要在应用程序中通过 JDBC 连接数据库，还需要对数据库进行配置。以 SQL Server 2012 Express 的配置为例，其配置过程如下。

（1）单击"开始"，选择【程序】|【Microsoft SQL Server 2012】|【配置工具】|【SQL Server 配置管理器】，打开配置管理器窗口。选择"SQLEXPRESS 的协议"，在右边窗口中右键单击"TCP/IP"启用该协议，如图 4.2 所示。

图 4.2　SQL Server 配置管理器

（2）右键单击"TCP/IP"，选择【属性】项，打开 TCP/IP 属性配置窗口，选择【IP 地址】属性页，将 IPALL 栏中的 TCP 端口改为：1433，选择【应用】，完成 TCP/IP 的配置，如图 4.3 所示。

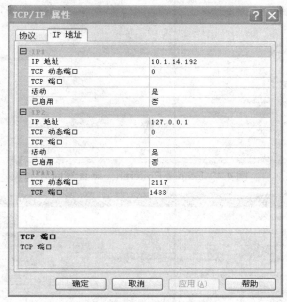

图 4.3 TCP/IP 属性配置

（3）重新启动 SQL Server 2012 服务中的 SQLEXPRESS 服务器。

3．JDBC 驱动下载与安装

Java 程序通过 JDBC 技术访问数据库，因此，需要为 SQL Server 2012 数据库安装 JDBC 驱动。目前支持 SQL Server 2012 的 JDBC 版本有 Microsoft SQL Server JDBC Driver 2.0、Microsoft SQL Server JDBC Driver 3.0 以及 Microsoft SQL Server JDBC Driver 4.0。但 Microsoft SQL Server JDBC Driver 4.0 不支持 Windows XP 操作系统。因此，如果使用 Windows XP 操作系统，需要采用 Microsoft SQL Server JDBC Driver 2.0 或 Microsoft SQL Server JDBC Driver 3.0 版本。本教材使用 Microsoft SQL Server JDBC Driver 3.0 版本。Microsoft SQL Server JDBC Driver 3.0 下载、安装步骤如下。

（1）在微软官方网站下载 Microsoft SQL Server JDBC Driver 3.0 驱动程序，驱动程序名称为：sqljdbc_3.0.1301.101_chs.exe。

（2）运行 sqljdbc_3.0.1301.101_chs.exe，将 zip 文件解压到%安装目录%下"Microsoft SQL Server JDBC Driver 3.0"中。

（3）在 Eclipse 工具中配置 JDBC。选择【Windows】|【Proferences】|【Java】|【Installed JREs】，选择 jre6，单击右边的【Edit…】按钮，进入 JRE 编辑窗口，如图 4.4 所示。

（4）在 Edit JRE 窗口中，选择右边按钮面板中的【Add External JREs…】按钮，将 Microsoft SQL Server JDBC Driver 3.0 安装目录下的 sqljdbc4.jar 文件添加到 JRE system libraries 中，如图 4.5 所示。

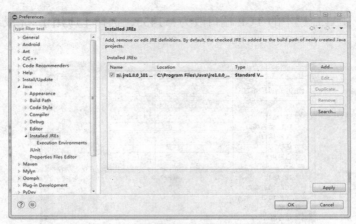

图 4.4　Eclipse Preferencese 配置窗口

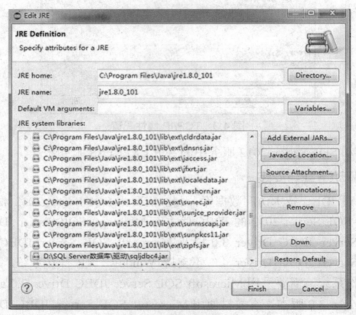

图 4.5　添加数据库驱动包

> 注意：Microsoft SQL Server JDBC Driver 3.0 安装包中包括 2 个 JAR 类库：sqljdbc.jar 和 sqljdbc4.jar。其中 sqljdbc.jar 类库提供对 JDBC 3.0 的支持，要求使用 5.0 版的 Java 运行时环境（JRE）。而 sqljdbc4.jar 类库提供对 JDBC 4.0 的支持。它不仅包括 sqljdbc.jar 的所有功能，还包括新增的 JDBC 4.0 方法。sqljdbc4.jar 类库要求使用 6.0 或更高版本的 Java 运行时环境（JRE）。因教材中使用 JRE 8.0 版本，所以采用 sqljdbc4.jar 类库。

4.2　JDBC 数据库连接基础

4.2.1　创建测试数据库

为介绍使用 JDBC 连接数据库的基本过程，在 SQL Server 2012 系统中创建测试数据库，数据库命名为 test。然后在 test 数据库中创建一个表 books，books 表结构定义如图 4.6 所示，表 books 中输入测试数据如图 4.7 所示。

PC201108311... - dbo.books

列名	数据类型	允许空
BookNo	varchar(50)	☐
BookName	varchar(50)	☐
Author	varchar(50)	☐
Publisher	varchar(50)	☐
Price	float	☐
Total	int	☐

图 4.6 books 表结构

PC201108311... - dbo.books

BookNo	BookName	Author	Publisher	Price	Total
TN911073	MATLAB数字图形处理	刘刚	机械工业出版社	39	4
TN929005	移动应用开发(J2ME)	肖正兴	清华大学出版社	33	2
TP312001	Java面向对象程序设计	聂哲	高等教育出版社	26.9	5
TP393092	JSP编程思想与实践	吴其庆	冶金工业出版社	79	2

图 4.7 book 表测试数据

4.2.2 JDBC 数据库连接基本步骤

现以使用 JDBC 连接 test 数据库，读出并显示表 books 中数据为例，介绍数据库连接基本步骤。首先创建工程 DBConnect，包含对 Swt 和 Jface 类库的支持。并在工程中创建类 DBDataDisplay，该类包含 main 方法。

1. 导入 JDBC API 包

JDBC 相关 API 放置在 java.sql 包与 javax.sql 包中，java.sql 包含了数据库处理的所有基本功能，javax.sql 提供数据库操作扩展功能，如数据库连接池、分布式事务等特性。因此编写数据库基本操作程序需要导入 java.sql 包中的类。

```
import java.sql.*;
public class DBDataDisplay {
        public static void main(String[] args) {
        ……
        }
}
```

2. 几个主要变量定义

```
public static void main(String[] args) {
      Connection con=null;   //数据库连接对象
      Statement stmt=null;   //用于执行 SQL 语句并返回执行结果的对象
      ResultSet rs=null;     //查询结果集对象
  }
```

3. 加载 JDBC 驱动程序

```
public static void main(String[] args) {
        ……
```

```
//加载数据库驱动
    try {
        Class.forName("com.microsoft.sqlserver.jdbc.SQLServerDriver");
    } catch (ClassNotFoundException e) {
        System.out.println("加载驱动出错");
        e.printStackTrace();
    }
}
```

4. 创建数据库连接对象

```
public static void main(String[] args) {
    ......
    //创建数据库连接
    String url="jdbc:sqlserver://localhost:1433;DatabaseName=test";
    String username="sa";
    String password="123456";
    try {
        con=DriverManager.getConnection(url,username,password);
    } catch (SQLException e) {
        System.out.println("创建数据库连接对象出错");
        e.printStackTrace();
    }
}
```

数据库连接对象 Connection 是通过 DriverManager 的静态方法 getConnection 创建的，其实质是将静态方法中的参数传递到被加载的驱动的 connect()方法中，从而获得数据库连接。创建数据库连接需要 url、数据库登录用户以及登录密码 3 个参数。其中 url 中需指明 jdbc 子协议（格式与数据库相关）、数据库系统所在 IP 地址及使用的端口号、数据库实例名。

5. 创建用于执行 SQL 语句的 Statement 对象

```
public static void main(String[] args) {
    ......
    //建立用于执行 SQL 语句的 Statement 对象
    try {
        stmt=con.createStatement();
    } catch (SQLException e) {
        System.out.println("创建 Statement 对象出错");
        e.printStackTrace();
    }
}
```

6. 执行 SQL 语句，并获得执行结果

```
public static void main(String[] args) {
    ......
    //通过 Statement 对象，执行相应的 SQL 语句
    try {
        rs=stmt.executeQuery("select  *  from books");
    } catch (SQLException e) {
        System.out.println("执行查询时出错");
```

```
            e.printStackTrace();
        }
}
```
Statement 对象提供了执行数据库查询、插入、删除以及修改等操作的方法。

（1）executeQuery()方法

该方法用于从数据库表或者视图中查询满足条件的记录。方法的返回值为一个 ResultSet 结果集对象。

（2）executeUpdate()方法

该方法用于向数据库表中执行 Insert、Update、Delete 以及 Create Table、Drop Table 等操作。方法的返回结果为一个整数值，表示数据更新的行数。

7．处理查询结果

```
public static void main(String[] args) {
    ……
    //处理结果集
    try {
        while(rs.next()){
            System.out.print(rs.getString("BookNo")+"\t");
            System.out.print(rs.getString("BookName")+"\t");
            System.out.print(rs.getString("Author")+"\t");
            System.out.print(rs.getString("Publisher")+"\t");
            System.out.print(rs.getFloat("Price")+"\t");
            System.out.println(rs.getString("Total"));
        }
    } catch (SQLException e) {
        System.out.println("处理查询结果集时出错");
        e.printStackTrace();
    }
}
```

ResultSet 对象用于存放满足查询条件的查询结果集，通过该对象的相关方法可以遍历结果集中的记录。ResultSet 的常用方法如下。

（1）next()方法

该方法操作结果集的一个游标，初始状态指向第一条记录前的表头，每调用一次，指向下一条记录，直到结尾，到达结尾时返回 false。

（2）get×××()方法

ResultSet 提供了一系列的 get×××()方法，用于获取当前游标所指记录中的某个字段。其中"×××"为字段类型，方法的参数为字段名。如上面代码中，获取当前记录中的"书名"字段值的代码如下。rs.getString("BookName")。

8．关闭对象

```
public static void main(String[] args) {
    ……
    //关闭相关对象
    try {
        rs.close();
```

```
            stmt.close();
            con.close();
        } catch (SQLException e) {
            e.printStackTrace();
        }
    }
}
```

4.3 综合训练二：学生成绩管理系统 V2.0

4.3.1 项目简介

第3章中的学生成绩管理系统 V1.0 版本主要实现了系统登录界面和管理员子系统的相关界面设计。本节将在此基础上，开发学生成绩管理系统 V2.0 版本。该版本主要实现的功能如下。

（1）以系统数据库中的用户表 User 数据为依据，实现管理员子系统的登录。

（2）实现年级与班级数据管理，包括年级信息的显示、年级数据的增加和删除，班级信息的显示，班级数据的增加和删除。

（3）实现学生与教师信息的注册。

4.3.2 系统数据库与相关数据表的设计

学生成绩管理系统 V2.0 版本主要涉及的操作数据有用户登录数据、年级数据、班级数据以及学生和教师数据，因此，在 SQL Server 中建立 studentscoreDB 数据库，并创建相应的数据表如表 4.1 所示。

表 4.1 学生成绩管理系统 V2.0 数据库表

表名称	功能	字段含义
users	用于存储登录用户信息，包括管理员用户、学生用户、教师用户。	userid: 用户编号 name: 用户名 pass: 用户密码 type: 用户类型
student	用于存储学生信息	number: 学号 name: 学生姓名 sex: 性别 grade: 年级 class: 班级 photo: 照片文件
teacher	用于存储教学信息	teacherID: 教师编号 name: 教师姓名 sex: 性别 photo: 照片文件

第 4 章　网络数据库连接基础

续表

表名称	功能	字段含义
grade	用于存储年级信息	grade：年级
class	用于存储班级信息	grade：年级 class：班级

在数据库中设计表结构如图 4.8 所示。

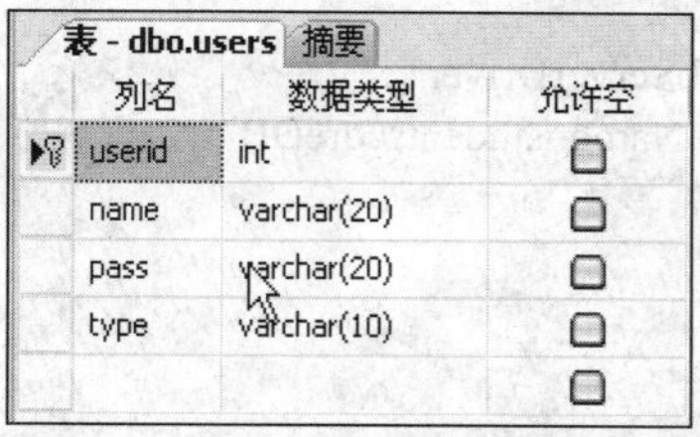

（a）users 表结构

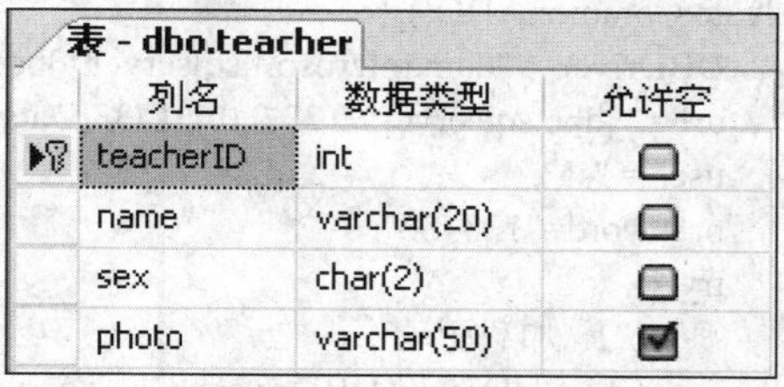

（b）teacer 表结构

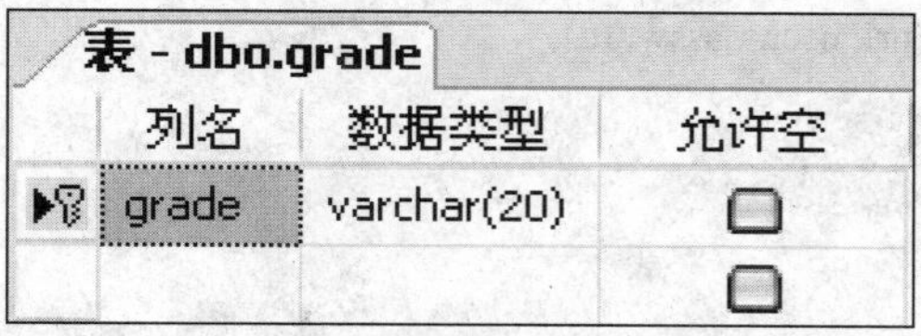

（c）grade 表结构

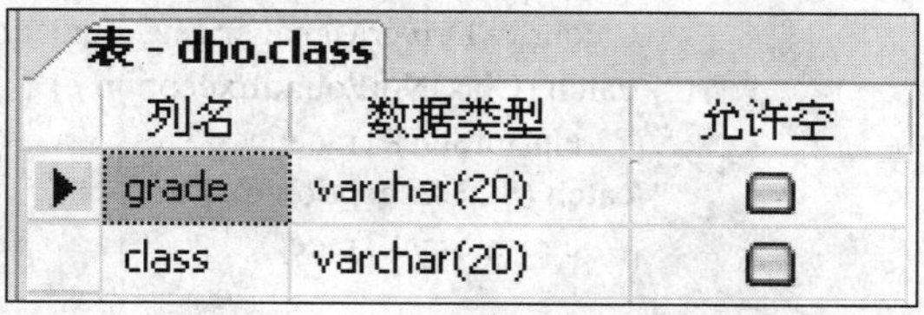

（d）class 表结构

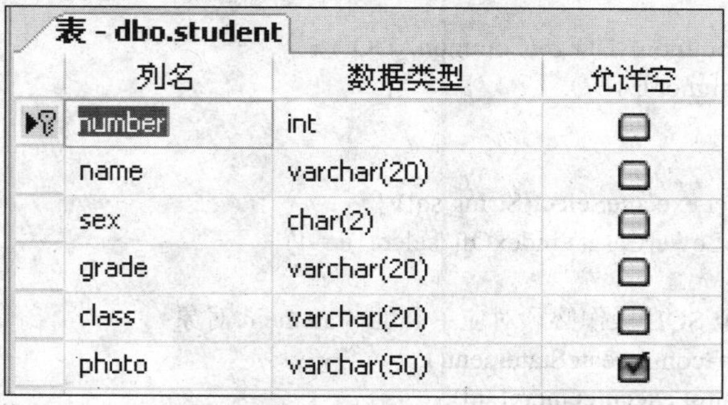

（e）student 表结构

图 4.8　学生成绩管理系统 V2.0 数据表的设计

4.3.3　通用数据库操作类的设计

使用 JDBC 对数据库表数据进行查询、增加、删除以及修改等操作时，都需要对数据库进行连接。因此，对于数据库操作比较频繁的程序来说，势必会造成大量的数据库连接代码的冗余，同时，大量的数据库连接也会降低数据库系统的性能。通常，为了解决这个问题，常为系统设计通用数据库处理类来减少数据库连接代码冗余，简化数据库的操作。

学生成绩管理系统通用数据库操作类如下。

```
Import java.sql.*;
public class CommonADO{
    private String DBDriver = null;
    private String url = null ;
```

```java
    private String user = null ;
    private String password = null ;
    private Connection conn = null;
    private Statement stmt = null ;
    private ResultSet rs = null ;

    private static final CommonADO commonADO = new CommonADO() ;

    private CommonADO() {
        DBDriver = "com.microsoft.sqlserver.jdbc.SQLServerDriver" ;
        url = "jdbc:sqlserver://127.0.0.1:1433;DatabaseName=studentscoreDB";
        user = "sa";
        password="123456";
        try {
            // 1. 加载驱动
            Class.forName(DBDriver);
            // 2. 创建数据库的连接
            conn = DriverManager.getConnection(url, user, password);
        } catch (ClassNotFoundException e) {
            e.printStackTrace();
        } catch (SQLException e) {
            e.printStackTrace();
        }
    }

    public static CommonADO getCommonADO() {
        return commoonADO;
    }

    public ResultSet executeSelect(String sql) {
        if(sql.toLowerCase().indexOf("select")!=-1){
            try {
                //每个 SQL 操作必须对应单独的 Statement 对象
                stmt = conn.createStatement();
                rs = stmt.executeQuery(sql);
            } catch (SQLException e) {
                e.printStackTrace();
            }
        }
        return rs;
    }
    public int executeUpdate(String sql){
        int result=0;
        stmt = conn.createStatement();
        if(sql.toLowerCase().indexOf("update")!=-1
          |sql.toLowerCase().indexOf("insert")!=-1
          |sql.toLowerCase().indexOf("delete")!=-1)
        {
            try {
                result=stmt.executeUpdate(sql);
```

```java
            } catch (SQLException e) {
                e.printStackTrace();
            }
        }
        return result;
    }

    public Connection getConn() {
        return conn;
    }
    public Statement getStmt() {
        return stmt;
    }

    public void closeDB() {
        try {
            rs.close();
            stmt.close();
            conn.close();
        } catch (SQLException e) {
            e.printStackTrace();
        }
    }
}
```

CommonADO 类采用了单体设计模式，这样可以避免程序运行过程中多次创建数据库连接，以至于降低程序效率，并占用大量系统资源。

4.3.4 系统实现

本节以使用通用数据库操作类实现学生成绩管理系统 V2.0 的功能为例，介绍在 GUI 程序中实现数据库操作的基本方法。

1. 管理员子系统登录功能的实现

功能设计思路：当用户数据在数据库表 users 中存在时，允许登录到相应的子系统，如果用户数据在 users 表中不存在，就给出提示信息，并要求重新输入登录用户信息。

登录功能的实现步骤如下。

（1）在 eclispe 左边的包浏览视图中选择 StudentScoreManageV1.0，单击右键，选择【Refactor】|【Rename】，将项目名改为：StudentScoreManageV2.0。

（2）将【登录】按钮的事件处理代码修改如下。

```java
buttonLogin.addSelectionListener(new org.eclipse.swt.events.SelectionAdapter() {
    public void widgetSelected(org.eclipse.swt.events.SelectionEvent e) {
        String userType=comboType.getText();
        String userName=textName.getText().trim();
        String password=textPass.getText().trim();
        Shell oldShell=sShell;
        String queryStr="select * from users where name='"+username
                    +"' and pass='"+password+"' and type='"+userType+"'";
        ResultSet rs=null;
```

```java
//从表 users 中查找用户，如果用户存在，根据用户类型转到相应的界面。
CommonADO dbConnect=CommonADO.getCommonADO();
rs=dbConnect.executeSelect(queryStr);
try {
    if(rs.next()){
        if(userType.equals("管理员")){
            AdminMainShell adminMain=new AdminMainShell();
            sShell=adminMain.getsShell();
            sShell.open();
            oldShell.dispose();
        }
        else if(userType.equals("教师")){
            //登录到教师子系统
        }
        else{
            //登录到学生子系统
        }
    }
    else{
        MessageDialog.openInformation(sShell,
            "信息提示", "该用户不存在，请重新登录！");
        comboType.setText("");
        textName.setText("");
        textPass.setText("");
    }
} catch (SQLException e1) {
    e1.printStackTrace();
}
}
});
```

2. 年级管理功能的实现

年级管理功能包括现有年级的显示、新年级的添加以及年级的删除。而年级名称的修改则可以通过先删除，后添加的方法实现。

（1）现有年级的显示功能

功能设计思路：当年级管理界面弹出时，将数据库 grade 表中现有的所有年级显示在 List 控件中。功能实现的基本思路是使用数据库的 grade 表中的查询数据初始化 List 控件。

功能实现：在设计界面中单击年级显示控件 listGrade，在创建 listGrade 对象的代码后添加如下代码。

```java
//listGrade 对象的创建
listGrade = new List(composite, SWT.BORDER | SWT.V_SCROLL);
listGrade.setLayoutData(gridData9);

//年级信息显示代码如下
String gradeQuery="select * from grade";
ResultSet rs=null;
CommonADO dbConnect=CommonADO.getCommonADO();
rs=dbConnect.executeSelect(gradeQuery);
```

```
        try {
            while(rs.next()){
                listGrade.add(rs.getString("grade"));
            }
        } catch (SQLException e) {
            // TODO Auto-generated catch block
            e.printStackTrace();
        }
```

（2）年级的添加功能

功能设计思路：单击年级信息管理界面中的【添加】按钮，弹出"添加新的年级"对话框，输入年级名称，如图 4.9 所示，单击【OK】按钮后，获取输入的新年级名称，查询数据库表 grade，如果该年级在表中已经存在，则不添加新的年级，并给出信息提示；否则，向数据库表中插入输入的年级，并将新添加的年级显示在年级信息显示控件 listGrade 中。

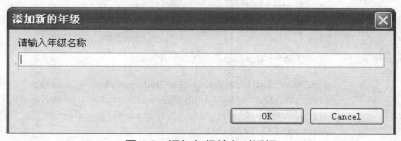

图 4.9　添加年级输入对话框

功能实现：为【添加】按钮添加事件处理，事件处理代码如下。

```
buttonAdd.addSelectionListener(new org.eclipse.swt.events.SelectionAdapter() {
    public void widgetSelected(org.eclipse.swt.events.SelectionEvent e) {
        String gradeName=null;
        InputDialog id1=new InputDialog(GradeManage.this,"添加新的年级",
            "请输入年级名称","",null);
        if(id1.open()==0){
            gradeName=id1.getValue();
            if(gradeName.equals(""))    return;
        }
        else return;
        String queryStr="select * from grade where grade='"+gradeName+"'";
        String insertStr="insert into grade values('"+gradeName+"')";
            CommonADO dbConnect=ADO.getCommonADO();
        ResultSet rs=dbConnect.executeSelect(queryStr);
        try {
            if(!rs.next()){
                dbConnect.executeUpdate(insertStr);
                listGrade.add(gradeName);
            }
            else{
                MessageDialog.openInformation(sShell, "信息提示",
                    "该年级已经存在！请重新添加新年级");
            }
```

```
            } catch (SQLException e1) {
                e1.printStackTrace();
            }
        }
    });
```

（3）年级的删除功能

功能设计思路：单击【删除】按钮，获取要删除的年级，如果该年级中含有班级，不执行删除，并给出提示信息；否则，直接删除数据库表 grade 中的该年级信息，并将年级信息从 listGrade 控件中删除。

功能实现：为【删除】按钮添加事件处理，事件处理代码如下。

```
buttonDele.addSelectionListener(new org.eclipse.swt.events.SelectionAdapter() {
    public void widgetSelected(org.eclipse.swt.events.SelectionEvent e) {
        int index=listGrade.getSelectionIndex();
        String gradeName=null;
        if(index<0){
            MessageDialog.openError(sShell, "信息提示",
                                    "请选择要删除的年级");
            return ;
        }
        gradeName=listGrade.getItem(listGrade.getSelectionIndex());
        String queryStr="select * from class where grade='"+gradeName+"'";
        String deleteStr="delete grade where grade='"+gradeName+"'";
        CommonADO dbConnect
                =CommonADO.getCommonADO();
        ResultSet rs=dbConnect.executeSelect(queryStr);
        try {
            if(!rs.next()){
                if(dbConnect.executeUpdate(deleteStr)!=0){
                    listGrade.remove(gradeName);
                }
            }
            else{
                MessageDialog.openInformation(sShell, "信息提示",
                                    "该年级中还有班级，不能直接删除");
            }
        } catch (SQLException e1) {
            e1.printStackTrace();
        }
    }
});
```

3．班级管理功能的实现

班级管理功能包括年级信息显示、班级信息显示、班级的添加与删除管理功能。其中班级的添加与删除功能的实现与年级的添加与删除功能的实现类似，这里不再累述。

（1）年级信息的显示

功能设计思路：当班级管理界面弹出时，在下拉列表控件 comboGradeSele 中显示数据库中表 grade 的年级信息，实际上也是一个数据库的查询操作。

功能实现:在设计界面中单击年级显示控件 comboGradeSele,在创建 comboGradeSele 对象的代码后添加如下代码。

```
//comboGradeSele 对象的创建
comboGradeSele = new Combo(composite, SWT.NONE);

//年级信息的显示代码如下
String gradeQuery="select * from grade";
ResultSet rs=null;
CommonADO dbConnect=CommonADO.getADO();
rs=dbConnect.executeSelect(gradeQuery);
try {
    while(rs.next()){
        comboGradeSele.add(rs.getString("grade"));
    }
} catch (SQLException e) {
    e.printStackTrace();
}
```

(2)班级信息的显示

功能设计思路:在下拉列表中选择年级,该年级包含的班级信息就相应的显示在列表控件 listClass 中。功能实现的关键是给下拉列表框 comboGradeSele 添加事件处理,根据所选择的年级进行数据库的查询。

功能实现:为年级选择控件 comboGradeSele 添加事件处理,事件处理代码如下。

```
comboGradeSele.addSelectionListener(new org.eclipse.swt.events.SelectionListener() {
    public void widgetSelected(org.eclipse.swt.events.SelectionEvent e) {
        listClass.removeAll();
        String gradeName=comboGradeSele.getText();
        String classQuery="select * from class where grade='"+gradeName+"'";
        ResultSet rs=null;
        CommonADO dbConnect=CommonADO.getCommonADO();
        rs=dbConnect.executeSelect(classQuery);
        try {
            while(rs.next()){
                listClass.add(rs.getString("class"));
            }
        } catch (SQLException e1) {
            e1.printStackTrace();
        }
    }
    public void widgetDefaultSelected(org.eclipse.swt.events.SelectionEvent e) {
    }
});
```

4. 学生注册功能的实现

从学生注册功能的界面可知,实现学生注册功能,需要先实现年级、班级的显示、学生照片上传,然后实现学生注册功能。年级、班级信息显示的实现与班级管理功能相似,这里不在累述。

(1)照片上传与预览功能的实现

功能的设计思路:照片上传指的是将照片传到项目指定的目录下。基本思路是单击【照片上传】按钮，打开一个文件对话框，将选择的照片拷贝到指定的文件夹下，并同时将照片显示在照片预览控件上。

功能的实现：为【照片上传】按钮添加事件处理，事件处理代码如下。

```
button.addSelectionListener(new org.eclipse.swt.events.SelectionAdapter() {
    public void widgetSelected(org.eclipse.swt.events.SelectionEvent e) {
        //照片上传
        FileDialog fDialog=new FileDialog(this,SWT.SAVE);
        fDialog.setFilterExtensions(new String[]{"*.jpg","*.JPG"});
        fDialog.setFilterNames(new String[]{"jpeg 文件(*.jpg)",
                                            "JPEG 文件(*.JPG)"});
        String picName=fDialog.open();
        String saveName=textNum.getText().trim();
        //stuPic 为一个 String 类型的成员变量，用于保存学生照片文件路径与文件名
        stuPic= "picStd/"+saveName+".jpg";
        if(picName!=null&&!"".equals(picName)
                &&saveName!=null&&!"".equals(saveName)){
            try {
                FileInputStream fis=new FileInputStream(picName);
                FileOutputStream fos
                    =new FileOutputStream(stuPic);
                int b=fis.read();
                while(b!=-1){
                    fos.write(b);
                    b=fis.read();
                }
                fos.close();
                fis.close();
                labelPhoto.setImage(new Image(StudentReg.this.getDisplay(),
                    stuPic));
            } catch (Exception e1) {
                e1.printStackTrace();
            }
        }
        else MessageDialog.openInformation(sShell, "信息提示",
                "没有输入学号或者没有选择上传照片，请重新上传照片！");
    }
});
```

（2）注册功能的实现

功能设计思路：学生注册功能实质上包括向数据库表 student 中插入新的学生数据，向用户表 users 中插入该学生用户信息。为了避免因重复插入相同学生数据，在执行数据插入前，需要先查询 student 表中是否已经存在该学生，如果该学生已经在表中，则不进行数据插入，并给出提示信息；否则，进行数据插入操作。其中，向用户表 users 中插入该学生的用户信息时，设用户初始密码为 "456"。需要特别说明是，student 表中 photo 字段保存的是学生照片的路径与文件名，因此，在上传照片时需要将该字段数据保存在定义的 stuPic 成员变量中。

功能的实现：为【注册】按钮添加事件处理，事件处理代码如下。

```java
buttonStuReg.addSelectionListener(new org.eclipse.swt.events.SelectionAdapter() {
    public void widgetSelected(org.eclipse.swt.events.SelectionEvent e) {
        //学生注册功能的实现
        int stuNum=Integer.parseInt(textNum.getText().trim());
        String stuName=textName.getText().trim();
        String sex=null;
        if(radioButtonMale.getSelection())
            sex="男";
        else sex="女";
        String gradeName=comboGrade.getText();
        String className=comboClass.getText();
        String queryStr="select * from student where number='"+stuNum+"'";
        String insertStudentStr="insert into student values("+stuNum+",'"+stuName
                +"','"+""+sex+"','"+gradeName+"','"+className+"','"+stuPic+"')";
        String stuPass="456";
        String insertUserStr="insert into users values('"+stuName+"','"
                +stuPass+"','学生')";
        CommonADO dbConnect
                =CommonADO.getCommonADO();
        ResultSet rs=dbConnect.executeSelect(queryStr);
        try {
            if(rs.next())
                MessageDialog.openInformation(sShell, "信息提示",
                                "该学生已经存在,不能重复注册!");
            else if(dbConnect.executeUpdate(insertStudentStr) >0){
                MessageDialog.openInformation(sShell, "信息提示",
                                "学生注册成功");
                dbConnect.executeUpdate(insertUserStr);
            }
        } catch (SQLException e1) {
            e1.printStackTrace();
        }
    }
}
```

（3）【下一个】按钮功能的实现

为【下一个】按钮添加事件处理,事件处理代码如下。

```java
buttonNext.addSelectionListener(new org.eclipse.swt.events.SelectionAdapter() {
    public void widgetSelected(org.eclipse.swt.events.SelectionEvent e) {
        textNum.setText("");
        textName.setText("");
        comboGrade.setText("");
        comboClass.setText("");
        labelPhoto.setImage(null);
    }
});
```

4.4 实战演练

实现学生成绩管理系统 V2.0 教师注册功能,教师注册界面如第 3 章实战演练所示。具体要求如下。

（1）实现教师照片上传功能，教师照片文件存放在项目的 picTch 目录下，文件以教师编号命名。

（2）实现教师注册功能，包括向数据库表 teacher 中插入新的教师数据，向用户表 users 中插入该教师的用户信息，教师用户初始密码设为"123"。

（3）实现【下一个】教师注册功能。

第 5 章 表格设计与数据处理

本章要点

- 表格组件 TableViewer 的使用；
- 表格数据的显示；
- 表格数据的编辑；
- 表格数据的排序；
- 开发成绩管理系统 V3.0 版本。

在数据库应用程序中，为了更好地展示数据并进行数据处理，通常会用到表格。表格是以二维形式组织和表现数据的一种形式。Jface 是 Swt 的扩展，它提供了一组功能强大的界面组件，其中包含表格、树、列表等。TableViewer 表格类是 Jface 组件中重要且典型的一个组件，其中涉及了 Jface 的众多重要概念：内容器、标签器、过滤器、排序器和修改器，这些概念对 Jface 组件特别是 TreeViewer 的学习非常重要。本章主要介绍 TableViewer 组件的使用，包括表格的创建、表格数据的显示、表格数据的编辑、表格数据的排序等内容。并以此为基础，实现学生成绩管理系统 V3.0 版本。

5.1 表格应用简单实例

在第 4 章中介绍了采用 JDBC 技术将测试数据库 test 中 books 表中的数据读取出来并显示在控制台的步骤。但在 GUI 应用程序中，采用表格方式显示、处理数据将更为直观、方便。本章将以 books 表中数据的表格形式处理为例，介绍表格控件 Table 的使用方法。

Books 表格数据处理实例运行界面如图 5.1 所示。

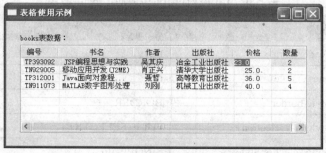

图 5.1 books 表格数据显示与编辑

实例实现的程序功能如下。

（1）表格数据显示，将数据库表 books 中的数据以表格形式显示。

（2）表格单元格数据编辑，实现价格列单元格数据的编辑，用于修改书的价格。
（3）表格数据排序，实现单击价格列，按价格对图书数据进行排列的功能。

5.2 创建表格

Jface 中的 TableViewer 组件是在 Swt 的 Table 组件基础上采用 MVC 模式扩展而来的，但 TableViewer 并非 Table 的子类，而是把 Table 作为一个实例变量，并实现对 Table 功能的扩展。

5.2.1 创建与设置 TableViewer

（1）在第 4 中创建的工程 DBConnect 中新建 Swt Shell，类名为 BookTableDemo。并按照示例程序运行界面设计窗口与布局。

（2）在 WindowBuilder 组件面板的 Jface 组件组中选择 TableViewer，然后在 BookTableDemo 类对应的窗体上指定位置单击，系统自动生成一个 Table 对象和一个 TableViewer 对象，分别命名为 table 和 tableViewer，如图 5.2 所示。

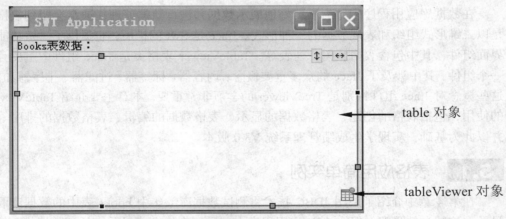

图 5.2　table 对象和 tableViewer 对象

（3）设定 table 和 tableViewer 属性如表 5.1 所示。

表 5.1　table 和 tableViewer 属性设置

对象	属性名	属性值
table	headerVisible	true
	linesVisible	true
tableViewer	Style/border	BORDER
	Style/fullSelection	FULL_SELECTION
	Style/selectionStyle	SINGLE

主要属性说明如下。

- headerVisible：用于表头设置，设置为 true 则显示表头行，设置为 false 则不显示表头行。
- linesvisible：用于设置表格行列分隔线，设置为 true 则出现分隔线，否则不出现分隔线。
- fullSelection：该属性被设置为 FULL_SELECTION 时，选择一行时所有列均被选择。
- selectionStyle：用于设置行选择特性，设置为 SINGLE，只可以在表格中选择单行，设置为 MULTI 则可以选择多个表行。

5.2.2 创建表格列

选择 WindowBuilder 组件面板的 Jface 组中 TableViewColumn 图标，在表格组件 table 上单击，即可生成一个表格列（TableColumn）。表格列组件有以下 5 个属性。
- alignment：设置表头的列标题的对齐方式。
- image：设置列标题的图标，为 null 则不显示图标。
- resizable：设置列宽改变特性，设置为 true 表示用户可以拖动当前列和下列间的分隔线改变列宽，设置为 false，列宽为固定值，不可改变。
- text：设置列标题。
- width：设置列的宽度。

在 table 表格上重复添加表格列 6 次，并设置相关的属性，列设置效果如图 5.3 所示。

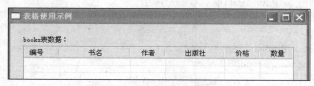

图 5.3 示例的表格列设置

5.3 表格数据显示

TableViewer 控件采用了 MVC 设计模式，其精髓是将数据与显示进行了分离。改变了从"数据库表→GUI 表格显示"的传统实现模式，采用了"数据库表→实体类→实体对象集→表格显示"的数据显示模式，这种实现模式的优点如下。

（1）将表格记录以实体类形式进行封装，使用面向对象的封装特性维护数据，有利于数据的维护与处理，程序代码也更为紧凑。

（2）将数据封装在一个实体类中，在数据传递时方便许多，可以将实体类作为一个参数在方法与方法之间来回传递。

（3）将显示与底层数据进行分离，大大提高了系统的可移植性。底层数据库系统的变化不会影响到程序逻辑与程序交互界面。

5.3.1 创建数据表对应的实体类

在 DBConnect 工程中添加实体类，类名为 BookEntity。其代码如下。

```
public class BookEntity {
    private String bookNum=null;
```

```java
            private String bookName=null;
            private String author=null;
            private String publisher=null;
            private float price=0;
            private int total=0;
            public String getBookNum() {
                return bookNum;
            }
            public void setBookNum(String bookNum) {
                this.bookNum = bookNum;
            }
            public String getBookName() {
                return bookName;
            }
            public void setBookName(String bookName) {
                this.bookName = bookName;
            }
            public String getAuthor() {
                return author;
            }
            public void setAuthor(String author) {
                this.author = author;
            }
            public String getPublisher() {
                return publisher;
            }
            public void setPublisher(String publisher) {
                this.publisher = publisher;
            }
            public float getPrice() {
                return price;
            }
            public void setPrice(float price) {
                this.price = price;
            }
            public int getTotal() {
                return total;
            }
            public void setTotal(int total) {
                this.total = total;
            }
}
```

其中，Setter/Getter 方法可以通过 Eclipse 工具自动生成。

5.3.2 创建数据生成类

数据库表中的一条记录对应一个实体对象，而一个数据库表所有记录则应该对应一个实体对象集。因此，要显示数据库表中的数据，需要创建这个表的数据集。

首先将第 4 章的学生成绩管理系统 V2.0 中的公共数据库访问类 CommonADO 拷贝到本实例工程 DBConnect 中。并修改 CommonADO 类构造器方法中的数据库 url 为："url =

"jdbc:sqlserver://127.0.0.1:1433;DatabaseName=test";"。

在 DBConnect 工程中添加数据生成类，类名为 BookFactory。其代码如下。

```java
import java.util.ArrayList;
import java.util.List;
import java.sql.*;

public class BookFactory {
    private List booksList=new ArrayList(); //用于存放 book 对象集

    public BookFactory(){
        try {
            CommonADO con=CommonADO.getCommonADO();
            ResultSet rs=con.executeSelect("select * from books");
            while(rs.next()){
                BookEntity book=new BookEntity();
                book.setBookNum(rs.getString("BookNo"));
                book.setBookName(rs.getString("BookName"));
                book.setAuthor(rs.getString("Author"));
                book.setPublisher(rs.getString("Publisher"));
                book.setPrice(rs.getFloat("Price"));
                book.setTotal(rs.getInt("Total"));
                booksList.add(book);    //将创建的对象添加到 List 中
            }
        } catch (Exception e) {
            // TODO Auto-generated catch block
            e.printStackTrace();
        }
    }

    public List getBooksList() {
        return booksList;
    }
}
```

BookFactory 类中定义了一个用于存放 Book 对象的 List 对象，构造器方法实现了数据的读取和对象的构建，getBooksList()方法则提供了获取 List 对象的方法。

 注意：程序中的 List 不是 Swt 组件 List，而是 Java 的集合类 java.util.List。根据实际开发情况也可以用数组或 Set、Map 等代替 List。List 是接口，而 ArrayList 是实际用的类。在面向对象编程中，尽量面向接口编程，让定义类型（如 List）比实际类型（如 ArrayList）更宽泛些，有利于程序的后期修改、维护与升级。

5.3.3 在表格中显示数据

通过数据工厂类创建数据对象集后，接下来就是将数据集显示在 TableViewer 控件中。TableViewer 控件显示数据的机制如图 5.4 所示。

由图可知，在 TableViewer 中显示数据需要进行内容提供器、标签提供器以及数据输入设置 3 个步骤。

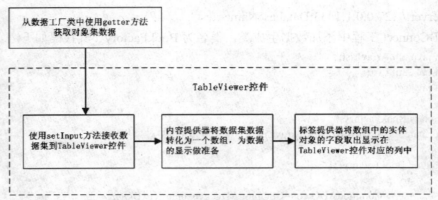

图 5.4　TableViewer 控件数据显示机制

1. 设置 TableViewer 对象的内容提供器

在 DBConnect 工程的 BookTableDemo 类的设计视图中单击 tableViewer 控件，显示 tableViewer 控件的属性视图。双击 tableViewer 属性视图中的 contentProvider 属性，在源代码中自动生成设置 contentProvider 的内部类。

Object[] getElements(Object inputElement)方法要求以数组的形式返回要在表格中显示的数据集，而参数是从 input 属性值中取得的对象。在该方法中添加实现代码如下。

```
private static class ContentProvider implements IStructuredContentProvider {
    public Object[] getElements(Object inputElement) {
        BookFactory books=(BookFactory)inputElement;
        return books.getBooksList().toArray();
    }
    public void dispose() {
    }
    public void inputChanged(Viewer viewer, Object oldInput, Object newInput) {
    }
}
```

如果通过 input 属性输入的数据对象本身为一个数组或者 ArrayList，那么可以直接将 contentProvider 设为 ArrayContentProvider。ArrayContentProvider 是 IstructuredContentProvider 的一个实现类。

2. 设置 TableViewer 控件的标签提供器

标签提供器是实现对象到表格列数据映射的桥梁，下面为 TableViewer 控件添加标签提供器。

双击 TableViewer 控件属性视图中 labelProvider 属性值列，源代码中将自动生成标签提供器代码框架。在方法 getColumnText(Objectarg0，int arg1)中添加黑体所示代码。

```
private class TableLabelProvider extends LabelProvider implements ITableLabelProvider{
//设置每列显示的图片
    public Image getColumnImage(Object element, int columnIndex) {
            return null;
        }
    /*getColumnText 方法决定数据记录在表格的每一列显示什么文字。
arg0 参数是一个实体类对象，
```

arg1 是当前要设置的列的列号，0 是第一列
*/
            public String getColumnText(Object element, int columnIndex) {
                BookEntity book=(BookEntity)element;
                if(columnIndex==0)
                    return book.getBookNum();
                if(columnIndex==1)
                    return book.getBookName();
                if(columnIndex==2)
                    return book.getAuthor();
                if(columnIndex==3)
                    return book.getPublisher();
                if(columnIndex==4)
                    return book.getPrice()+"";
                if(columnIndex==5)
                    return book.getTotal()+"";
                return null;
            }

            public void addListener(ILabelProviderListener arg0) {
            }

            // 当 TableViewer 对象被关闭时触发执行此方法
            public void dispose() {
            }

            public boolean isLabelProperty(Object arg0, String arg1) {
                return false;
            }

            public void removeListener(ILabelProviderListener arg0) {
            }
});

3. 设置 TableViewer 控件的数据集

在标签与内容提供器设置代码后面添加如下黑体所示代码，完成数据源的设置。
......
tableViewer.setContentProvider(new ContentProvider());
tableViewer.setLabelProvider(new TableLabelProvider());
tableViewer.setInput(new BookFactory());
至此，表格的数据显示功能已经实现，运行程序结果如图 5.5 所示。

图 5.5　表格数据显示

5.4 表格数据编辑

除了使用表格形式显示数据外，用户还经常希望能在表格中直接对数据进行编辑，并将编辑的结果同步反映在数据库中。TableViewer 表格控件通过控件属性视图中的 CellEditors 和 CellModifier 两个属性提供了实现表格编辑功能的途径。本节以扩展上节实例 BookTableDemo 为例，介绍表格数据编辑功能的实现方法。

5.4.1 创建表格单元编辑器

Jface 类库中提供了几种具体表格单元编辑器，使表格单元能以文本框、下拉列表框、复选框以及对话框等形式对表单元进行编辑。这些具体的单元编辑器都是抽象类 org.eclipse.jface.viewers.CellEditor 的子类。

（1）org.eclipse.jface.viewers.TextCellEditor 类的对象为表格提供一个文本框类型的编辑器，文本框中的字符串就是表单元编辑器的值。常用构造器方法如下。

- public TextCellEditor(Composite parent)
- public TextCellEditor(Composite parent, int style)

其中，参数 parent 是 TableViewer 中的 Table 组件，style 与文本框的相同。

（2）org.eclipse.jface.viewers.ComboBoxCellEditor 类的对象为表格提供一个下拉列表框类型的编辑器，表单元编辑器的值是所选列表项的索引值，从 0 开始。常用构造器方法如下。

- public ComboBoxCellEditor(Composite parent，String[] items)
- public ComboBoxlCellEditor(Composite parent, String[] items, int style)

其中，参数 style 与下拉列表框的相同，Items 设置列表项。

（3）org.eclipse.jface.viewers.CheckboxCellEditor 类的对象为表格提供一个复选框类型的编辑器，表单元编辑器的值是一个布尔值。常用构造器方法如下。

- public CheckboxCellEditor(Composite parent)
- public CheckboxCellEditor(Composite parent, int style)

其中，参数 style 与复选框的相同。

（4）org.eclipse.jface.viewers.DialogCellEditor 类是一个抽象类，为表格提供一个带有对话框的表单元编辑器，通常在表格单元格的左边显示一个标签，右边显示一个按钮，单击它可以打开一个对话框。该类的子类提供具体的实现，如 org.eclipse.jface.viewer.ColorCellEditor 是 Jface 提供的一个实现类，是可供用户选择颜色的表单元编辑器，其值是对话框返回的 Swt RGB 颜色。常用的构造器方法为：public ColorCellEditor(Composite parent)

5.4.2 创建表格单元修改器

1. 表格单元修改器

实现表格的编辑，除了为表格设置单元编辑器外，还需要设置表格单元修改器。因为必须通过表格单元修改器存取显示在表格单元编辑器中的数据模型。

Jface 类库为实现表格单元修改提供了接口 ICellModifier，表格单元修改器必须实现该接口的以下 3 个方法。

（1）boolean canModify(Object element,String property)。

该方法判断列是否可被编辑。其中 element 是对应的数据记录，property 是列名，返回 true 表示该列可与被编辑，该值不会有 CellEditor 为 null 的列。

（2）Object getValue(Object element,String property)。

此方法返回当单击单元格出现 CellEditor 时应该显示的值，一般是初始值。如 element 没有 property 属性则返回 null。虽然返回类型为 Object，但特定的 CellEditor 只接收特定类型的 Value。

- TextCellEditor 接收 String 类型的 Value。
- ComboBoxCellEditor 接收 Integer 类型的 Value。
- CheckBoxCellEditor 接收 boolean 类型的 Value。

若返回了不合适的 Value 对象，则会抛出 AssertionFailedException 异常。

（3）void modify(Object element ,String property,Object value)。

该方法实际修改数据 element 的 property 列值为参数 value。如果 element 没有 property 属性，或者该属性不能被修改则该方法调用无效。参数 element 是表格行对象 TableItem，其 getData()方法可取得当前行的实体对象，参数 property 是列别名，参数 value 是修改后的新值，每种 CellEditor 的 value 的数据类型各不相同。

2. 创建表格单元修改器

双击表格列对应的 TableViewerColumn 控件属性视图中的 editingSupport 属性值列，在自动生成的代码框架中编写如下代码。

```
tableViewerColum_4.setEditingSupport(newEditingSupport(tableViewer){
        protected Boolean canEdit(Object element){
            return true;
        }
        protected   CellEditor getCellEditor(Object element){
            TextCellEditor editor=new TextCellEditor(tableViewer.getTable());
            return editor;
        }
        protected Object getValue(Object element){
            BookEntity book=(BookEntity)element;
            return book.getPrice()+"";
        }
        protected void setValue(Object element ,Object value){
            BookEntity book=(BookEntity)element;
            float price=Float.parseFloat((String)value);
            book.setPrice(price);

            tableViewer.update(book,null);
            BookFactory.modifyDB(book.getBookNum(),price);
        }
});
```

代码中 canEdit 方法判断是否可以修改某条记录的某一字段。这里返回 true 表示都可以修改。参数 element 是表格记录对象，也就是 PeopleEntity 对象。

getValue 方法决定当单击单元格出现 CellEditor 时应该显示什么值，即该单元格的初始值，方法参数与 canEdit 方法相同。需要注意的是每种 CellEditor 要求返回的数据类型都是各不相同的，类型不对应就会出错。如价格列使用的是 TextCellEditor，因此必须返回 String 类型的数据。

setValue 用于修改表格列的值。参数 element 是表格行对应的实体对象，参数 value 是修改后的新值。每种 CellEditor 的 value 的数据类型各不相同。

3. 更新数据库表中记录

实现了表格数据的编辑后，需要将数据的变化同步反映到数据库表中。实现方法为：在 BookFactory 类中添加方法 modifyDB，为操作方便，将该方法设计为静态方法。

```
public static void modifyDB(String bookNo,float price){
    CommonADO con=CommonADO.getCommonADO();
    String modifySql="update books set Price='"+price
        +"' where BookNo='"+bookNo+"'";
    con.executeUpdate(modifySql);
}
```

完成编辑功能后，程序的运行效果如图 5.6 和图 5.7 所示。

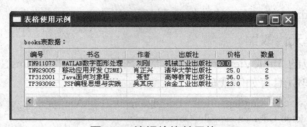

图 5.6　编辑价格单元格

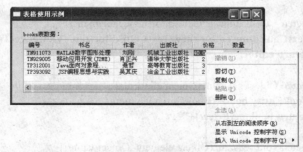

图 5.7　在价格编辑单元格单击鼠标右键

5.5　表格数据排序

表格数据排序与筛选是表格应用经常用到的功能。Jface 为 TableViewer 控件提供了实现排序与筛选的途径。本节以 BookTableDemo 实例中 books 表格数据的排序和筛选为例介绍 TableViewer 表格的排序与筛选的实现方法。

Jface 类库中提供了两个支持表格排序的类，分别是 org.eclipse.jface.viewers 包中的 ViewerComparator 类和 ViewerSorter 类。其中 ViewerSorter 类是 ViewerComparator 类的子类。两种实现排序的方法基本相同，我们以使用 ViewerSorter 类实现排序为例阐述排序的实现。

ViewerSorter 类提供的默认排序方式是按表格第 1 列数据以降序方式进行排序,双击 TableViewer 属性视图中的 sorter 属性值列,在对话框中选择 ViewerSorter 后,源代码中自动生成语句:"tableViewer.setSorter(new Sorter());",并生成 Sorter 类的框架。

如果需要实现单击某列列头对数据进行排序的功能,那么需要遵循的步骤如下。

(1)编写排序器,它是 ViewerSorter 类的子类,按照排序要求重写 compare()方法。

(2)为表格类添加事件监听器。

下面实现 books 表中单击价格列进行排序的功能。

步骤 1:编写排序器。

在 DBConnet 项目的 BookTableDemo 类中,设计内部排序类 Mysort,该类继承自 ViewerSort 类。代码如下。

```java
class MySorter extends ViewerSorter{
    private  boolean sortType=true ;

    public MySorter(boolean sortType) {
        super();
        this.sortType=sortType;
    }

    public int compare(Viewer viewer, Object e1, Object e2) {
        BookEntity book1=(BookEntity)e1;
        BookEntity book2=(BookEntity)e2;
        float price1=book1.getPrice();
        float price2=book2.getPrice();
        if(sortType){
            return price1>price2?1:(price1==price2?0:-1);
        }
        else{
            return price2>price1?1:(price1==price2?0:-1);
        }
    }
}
```

步骤 2:为表格的价格列添加事件监听器,事件代码如下。

```java
tableColumn4.addSelectionListener(new org.eclipse.swt.events.SelectionListener() {
    public void widgetSelected(org.eclipse.swt.events.SelectionEvent e) {
        tableViewer.setSorter(new MySorter(sortType));
        //sortType 为定义的成员变量,变量定义语句为:boolean sortType=true;
        if (sortType) {
            sortType = false;
        } else {
            sortType = true;
        }
    }

    public void widgetDefaultSelected(
            org.eclipse.swt.events.SelectionEvent e) {
    }
});
```

为了实现单击列正序与反序排列，定义了 boolean 类型的成员变量 sortType，sortType 值为 true 时，正序排列，反之，反序排列。

价格排序前表格如图 5.8 所示，运行程序，单击价格列表头，表格数据按价格列排序运行结果如图 5.9 所示。

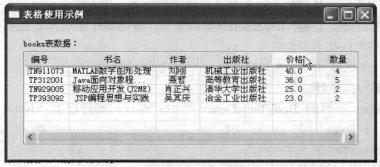

图 5.8　价格排序前

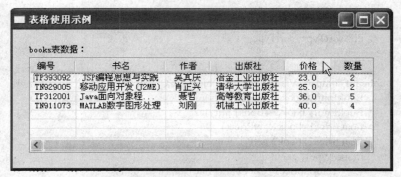

图 5.9　按价格列排序结果

5.6　综合训练三：学生成绩管理系统 V3.0

5.6.1　项目简介

本节在学生成绩管理系统 V2.0 版本基础上，开发学生成绩管理系统 V3.0 版本。该版本主要实现的功能如下。

（1）实现管理员子系统的课程管理、班级排课、学生与教师信息查询功能。

（2）实现学生子系统功能模块。

（3）实现教师子系统功能模块。

5.6.2　相关数据库表的设计

学生成绩管理系统 V3.0 版本主要涉及的操作数据有教师数据、学生数据、课程数据、班级排课数据、学生课程成绩数据等。其中教师数据与学生数据表在系统 V2.0 版本的开发中已经设计好，课程数据、班级排课数据与学生成绩数据表分别如表 5.2~表 5.4 所示。

第 5 章　表格设计与数据处理

1. 课程表

表 5.2　课程表

字段名	类型	含义

2. 班级排课信息表（class_course）

表 5.3　班级排课信息表

字段名	类型	含义
Id	int	班级排课编号，自动生成
grade	varchar（20）	年级
class	varchar（20）	班级
year	varchar（20）	学年
semester	semester（20）	学期
course	varchar（50）	课程
teacer	varchar（20）	授课教师
hours	int	课程学时

3. 学生成绩数据表（course_score）

表 5.4　学生成绩数据表

字段名	类型	含义
scoreID	Int	课程成绩编号，自动生成
year	varchar（20）	学年
semester	varchar（20）	学期
course	varchar（50）	课程名
grade	varchar（20）	年级
class	varchar（20）	班级
stuNo	Int	学号

续表

字段名	类型	含义
stuName	varchar（20）	姓名
score	float	课程的成绩
teacher	varchar（50）	教师

5.6.3 管理员子系统功能实现

1. 创建项目 StudentScoreManageV3.0

右键单击包资源管理器中的项目 StudentScoreManageV2.0，选择【Refactor】|【Rename】，将项目名改为 StudentScoreManageV3.0。

2. 管理员子系统【课程管理】功能的实现

功能设计思路：课程管理模块包括课程的显示、新课程的添加和课程的删除功能，而课程的修改可以通过删除和添加来完成。课程的显示采用表格形式；实现新课程的添加功能需要与用户交互获取用户的输入数据，因此，采用向导对话框的解决方案；删除功能的实现相对简单，其过程是单击【删除】按钮后，将表格中被选的课程从表格和数据库中删除。【课程管理】模块运行效果如图 5.10 和图 5.11 所示。

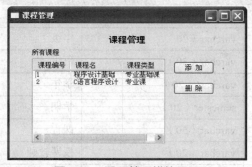

图 5.10　课程管理模块界面

图 5.11　新课程添加界面

第 5 章 表格设计与数据处理

（1）课程信息显示功能的实现

步骤 1：在 StudentScoreManageV3.0 项目中 szpt.studentmanage.visualclass 包中添加 Shell 类，类名为 CourseManage。按照图示课程管理主界面设计该界面。界面控件命名如表 5.5 所示。

表 5.5　课程管理界面主要控件命名

控件	对象名	说明
Table 表格	table	用于显示课程信息的表格。
TableViewer	tableViewer	为 table 对象添加的 tableViewer，对数据显示、编辑等操作提供了很好的支持。
【添加】按钮	buttonAdd	单击该按钮，将弹出课程输入对话框。
【删除】按钮	buttonDel	单击该按钮，将表格中被选的课程删除。

步骤 2：在项目的 szpt.studentmanage.dataclass 包中创建课程实体类 CourseEntity 和数据类 CourseFactory。

CourseEntity 类代码如下。

```java
package szpt.studentmanage.dataclass;
public class CourseEntity{
    private String courseID = null ;
    private String courseName=null ;
    private String courseType =null;

    public String getCourseID() {
        return courseID;
    }
    public void setCourseID(String courseID) {
        this.courseID = courseID;
    }
    public String getCourseName() {
        return courseName;
    }
    public void setCourseName(String courseName) {
        this.courseName = courseName;
    }
    public String getCourseType() {
        return courseType;
    }
    public void setCourseType(String courseType) {
        this.courseType = courseType;
    }
}
```

CourseFactory 类代码如下。

```java
package szpt.studentmanage.dataclass;
import java.sql.ResultSet;
import java.sql.SQLException;
```

```java
import java.util.ArrayList;
import java.util.List;
import org.eclipse.jface.dialogs.MessageDialog;

public class CourseFactory {
private List courseList=new ArrayList();
    public CourseFactory(){
        try {
            CommonADO con=CommonADO.getCommonADO();
            ResultSet rs=con.executeSelect("select * from course");
            while(rs.next()){
                CourseEntity course=new CourseEntity();
                course.setCourseID(rs.getString("courseID"));
                course.setCourseName(rs.getString("courseName"));
                course.setCourseType(rs.getString("courseType"));
                courseList.add(course);
            }
        } catch (Exception e) {
            e.printStackTrace();
        }
    }
public static boolean InsertDB(CourseEntity course){
    CommonADO con=CommonADO.getCommonADO();
    String querySql="select * from course where courseID='"
            +course.getCourseID()+"'";
    String insertSql="insert into course values('"+course.getCourseID()+"','"
            +course.getCourseName()+"','"+course.getCourseType()+"')";
    ResultSet rs=con.executeSelect(querySql);
    try {
        if(!rs.next()){
            con.executeUpdate(insertSql);
            return true;
        }
        else
            return false;
    } catch (SQLException e) {
        e.printStackTrace();
    }
    return false;
}
public static void deleteDB(CourseEntity course){
    CommonADO con=CommonADO.getCommonADO();
    String delSql="delete from course where courseID='"+course.getCourseID()+"'";
    con.executeUpdate(delSql);
}

    public List getCoursesList() {
        return courseList;
    }
}
```

CourseFactory 类中除了实现课程对象集的创建外，还定义了两个静态方法，其中方法 InsetDB()用于实现课程信息的数据库插入操作，方法 DeleteDB()用于从数据库中删除某门课程信息。

步骤 3：在 tableViewer 的属性视图中，分别设置 tableViewer 对象的内容提供器属性 contentProvider、标签提供器属性 labelProvider 和数据输入属性 input。

内容提供器代码如下。

```java
private static class ContentProvider implements IStructuredContentProvider {
    public Object[] getElements(Object element) {
        CourseFactory courseFactory=(CourseFactory)element;
        return courseFactory.getCoursesList().toArray();
    }

    public void dispose() {
    }

    public void inputChanged(Viewer viwer, Object oldInput, Object newInput) {
    }
}
```

标签提供器代码如下。

```java
private class TableLabelProvider extends LabelProvider implements ITableLabelProvider {
    public Image getColumnImage(Object element, int columnIndex) {
        return null;
    }

    public String getColumnText(Object element, int columnIndex) {
        CourseEntity course=(CourseEntity)element;
        if(columnIndex==0)
            return course.getCourseID();
        if(columnIndex ==1)
            return course.getCourseName();
        if(columnIndex ==2)
            return course.getCourseType();
        else return null;
    }
}
```

设置 input 数据输入属性，代码如下。

```java
……
tableViewer.setContentProvider(new ContentProvider());
tableViewer.setLabelProvider(new TableLabelProvider());
tableViewer.setInput(new CourseFactory());
```

（2）课程添加功能的实现

步骤 1：在 CourseManage 类中定义静态变量实现数据传递。

新添加的课程信息是在向导对话框中输入的，因此，需要将输入的课程信息传递到课程管理类中。在 CourseManage 类中定义 CourseEntity 类型的静态变量 course，用于存放输入的课程的信息。代码如下。

```
//定义静态变量 course，用于保存一门课程信息
public static CourseEntity course=new CourseEntity();
```
步骤 2：课程添加向导对话框的实现。

当要求用户输入一个数据时，通常使用输入对话框实现数据的录入。但当要求输入的数据较多时，向导对话框就是不错的选择了。向导对话框能很好地实现与用户的交互。Swt/Jface 中对向导的实现提供了很好的支持，向导对话框的构成如图 5.12 所示。

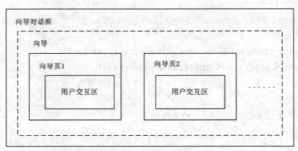

图 5.12　向导对话框的构成

由图可知，实现向导对话框的一般步骤是：先设计用户交互界面，再以用户交互界面为基础创建向导页，然后将所有的向导页组织成向导，最后以向导为基础，创建向导对话框。下面是课程添加向导的实现过程。

① 在项目 StudentScoreManageV3.0 中创建 szpt.studentmanage.CoureAddWizard 包，在该包中添加 Swt Composite 类，命名为 CourseAddComposite。并设计如图 5.13 所示界面。

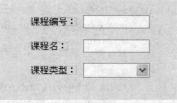

图 5.13　CourseAddComposite 界面

界面中输入控件命名如表 5.6 所示。

表 5.6　CourseAddComposite 界面中输入控件命名

控件	对象名
课程编号输入框	textCourseNum
课程名输入框	textCourseName
课程类型选择框	comboCourseType

为 comboCourseType 控件添加选择项，代码如下。

```
private void createComboCourseType() {
    ……
    comboCourseType.setLayoutData(gridData2);
    comboCourseType.add("基础课");
    comboCourseType.add("专业基础课");
    comboCourseType.add("专业课");
}
```

为控件 textCourseNum、textCourseName 和 comboCourseType 创建 getter 方法，为后面获取控件中的输入值做准备。代码如下。

```java
public Text getTextCourseNum() {
    return textCourseNum;
}

public Text getTextCourseName() {
    return textCourseName;
}

public Combo getComboCourseType() {
    return comboCourseType;
}
```

②在包 szpt.studentmanage.CoureAddWizard 中创建 CourseAddWizardPage 类,该类继承于 org.eclipse.jface.wizard.WizardPage 类。编写 CourseAddWizardPage 类代码如下。

```java
package szpt.studentmanage.CourseAddWizard;
import org.eclipse.jface.wizard.WizardPage;
import org.eclipse.swt.SWT;
import org.eclipse.swt.widgets.Composite;
import org.eclipse.swt.widgets.Shell;

public class CourseAddWizardPage extends WizardPage {
    Shell sShell=null;
    private CourseAddComposite courseAddCp;

    public CourseAddComposite getCourseAddCp() {
        return courseAddCp;
    }

    public CourseAddWizardPage(String pageName) {
        super(pageName);
    }

    @Override
    public void createControl(Composite arg0) {
        sShell=arg0.getShell();
        this.setTitle("输入新课程信息");
        this.setDescription("请输入完整的课程信息,不能为空。");
        courseAddCp=new CourseAddComposite(arg0,SWT.NONE);
        this.setControl(courseAddCp);
    }
}
```

向导类必须实现其父类 WizardPage 中的 createControl 方法,并在这个方法中创建组件。程序中,createControl 方法中使用 setControl 方法设置用户交互界面为向导页的控件。

CourseAddWizardPage 类中定义了 CourseAddComposite 类型的成员变量 courseAddCp 和该变量的 getter 方法,为获取用户输入的数据做准备。

③在包 szpt.studentmanage.CoureAddWizard 中创建 CourseAddWizard 类,该类继承于 org.eclipse.jface.wizard.Wizard。编写 CourseAddWizard 类代码如下。

```java
package szpt.studentmanage.CourseAddWizard;
import org.eclipse.jface.wizard.Wizard;
```

```java
import szpt.studentmanage.visualclass.CourseManage;

public class CourseAddWizard extends Wizard {
    private CourseAddWizardPage courseAddWp;
    private CourseAddComposite courseAddCp;

    public CourseAddWizard() {
        this.setWindowTitle("添加新课程");
    }

    @Override
    public boolean performFinish() {
        courseAddCp=courseAddWp.getCourseAddCp();
        String courseID=courseAddCp.getTextCourseNum().getText();
        String courseName=courseAddCp.getTextCourseName().getText();
        String courseType=courseAddCp.getComboCourseType().getText();
        CourseManage.course.setCourseID(courseID);
        CourseManage.course.setCourseName(courseName);
        CourseManage.course.setCourseType(courseType);
        return true;
    }

    @Override
    public void addPages() {
        courseAddWp=new CourseAddWizardPage("添加新课程");
        this.addPage(courseAddWp);
    }

    @Override
    public boolean needsPreviousAndNextButtons() {
        return false;
    }
}
```

其中 performFinish 方法是用户单击【Finish】按钮时执行的方法。Wizard 的子类必须实现该方法，并具体实现向导的完成过程。本程序中，该方法获取用户输入数据后，将输入数据保存在 CourseManage 中定义的静态变量 CourseManage.course 中。方法返回 true 表示"Finish"请求被接受，false 表示请求被拒绝。

addpages 方法将向导页按顺序添加到向导中。Wizard 的子类一般会实现该方法，完成向导的创建与组织，该方法会被自动调用。

needsPreviousAndNextButtons 方法设置是否需要显示【Back】与【Next】按钮，如果当前向导只包含一个向导页，就返回 false 值。

步骤 3：为 CourseManage 类中【添加】按钮添加事件处理，代码如下。

```java
buttonAdd.addSelectionListener(new org.eclipse.swt.events.SelectionAdapter() {
    public void widgetSelected(org.eclipse.swt.events.SelectionEvent e) {
        //使用向导类完成数据的输入
        CourseAddWizard courseAddWizard = new CourseAddWizard();
        WizardDialog wDialog = new WizardDialog(sShell,courseAddWizard);
```

```
           if(wDialog.open()= =0){//单击了向导对话框中的【Finish】按钮
                //实现新课程的添加
                if(CourseFactory.InsertDB(CourseManage.course))
                    tableViewer.add(CourseManage.course);
                    tableViewer.refresh();
                else{
                    MessageDialog.openInformation(sShell, "信息提示"
                        ,"该课程已经存在，请重新添加新课程");
                }
            }
        }
    }
});
```

（3）课程删除功能的实现

为【删除】按钮添加事件处理，代码如下。

```
buttonDel.addSelectionListener(new org.eclipse.swt.events.SelectionAdapter() {
    public void widgetSelected(org.eclipse.swt.events.SelectionEvent e) {
        int delIndex=table.getSelectionIndex();
        CourseEntity courseToDel=(CourseEntity)table.getItem(delIndex).getData();
        tableViewer.remove(courseToDel); //删除 table 表格中的数据行
        CourseFactory.deleteDB(courseToDel); //删除数据库中的记录
    }
});
```

3. 管理员子系统【班级排课】功能的实现

功能设计思路：将班级排课功能设计为包括班级现有排课信息的检索、添加新排课以及已排课程的删除功能。班级排课模块运行界面如图 5.14 所示。单击【检索已排课】，将指定年级、班级、学年和学期的已排课程信息显示在表格中。单击【添加课程】，将在表格中添加新排课，同时，将排课数据写入数据库的 class_course 表中，并在数据库表 course_score 中产生学生成绩记录。单击【删除】按钮，将表格中所选课程删除，同时删除 class_course 表和 course_score 表中对应的数据记录。

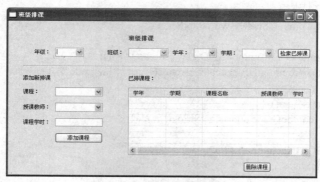

图 5.14 班级排课功能界面

（1）班级排课界面设计

在 StudentScoreManageV3.0 项目的 szpt.studentmanage.visualclass 包中添加 Swt Shell，类名为 CourseArrangeShell。按照图示班级排课界面设计该界面。界面控件命名如表 5.7 所示。

表 5.7 班级排课界面中控件

控件	对象名	说明
年级下拉列表框	comboGrade	用于选择年级
班级下拉列表框	comboClass	用于选择班级
学年下拉列表框	comboYear	用于选择学年
学期下拉列表框	comboSemester	用于选择学期
【检索已排课】按钮	buttonOK	单击【检索已排课】按钮，在表格中显示该班级已排课程
课程下拉列表框	comboCourse	用于选择课程
教师下拉列表框	comboTeacher	用于选择教师
课程学时文本框	textHours	用于输入课程学时数
【添加课程】按钮	buttonAdd	单击【添加课程】，在表格中加入新排课，同时将数据写入 class_course 表中
【删除课程】	buttonDelCourse	单击【删除课程】，从表格中删除所选课程，同时从数据表 class_course 中删除该记录
排课表格 Table	table	用于显示已排课程信息
TableViewer 控件	tableViewer	为 table 添加的 tableViewer 对象

（2）界面中下拉列表框中数据的显示的实现

界面中年级、班级、课程和授课教师下拉列表框中的数据来源于对应的数据库表，因此需要进行数据库查询，实现方法相似，这里仅以年级和班级下拉列表框数据的显示为例，说明其实现方法。

年级信息显示的实现：在 CourseArrangeShell 类的源代码文件中 comboGrade 对象创建的语句后，添加如下代码。

```
comboGrade = new Combo(sShell, SWT.NONE);

CommonADO commonDB=CommonADO.getCommonADO();
    ResultSet rs=commonDB.executeSelect("select * from grade");
    try {
        while(rs.next()){
            comboGrade.add(rs.getString("grade"));
        }
    } catch (SQLException e) {
        e.printStackTrace();
    }
```

班级信息显示的实现：为对象 comboGrade 添加事件处理，其代码如下。

```
comboGrade.addSelectionListener(new org.eclipse.swt.events.SelectionListener() {
    public void widgetSelected(org.eclipse.swt.events.SelectionEvent e) {
        comboClass.removeAll();
        CommonADO commonDB=CommonADO.getCommonADO();
        ResultSet rs=commonDB.executeSelect("select * from class where grade='"
```

```
                                    +comboGrade.getText()+"'");
            try {
                while(rs.next()){
                    comboClass.add(rs.getString("class"));
                }
            } catch (SQLException ex) {
                ex.printStackTrace();
            }
        }
        public void widgetDefaultSelected(org.eclipse.swt.events.SelectionEvent e) {
        }
});
```

对于学年和学期数据，本系统中没有在数据库中设计对应的表格，而是直接向下拉框中添加相关的数据。其实现不在累述。

（3）创建班级课程实体类和数据类

在项目的 szpt.studentmanage.dataclass 包中创建班级排课实体类 ClassCourseEntity 和数据类 ClassCourseFactory。

ClassCourseEntity 类代码如下。

```java
package szpt.studentmanage.dataclass;
public class ClassCourseEntity {
        private int arrangeID;
        private String grade;
        private String className;
        private String year;
        private String semester;
        private String course;
        private String teacher;
        private int hours;
        public int getArrangeID() {
            return arrangeID;
        }
        public void setArrangeID(int arrangeID) {
            this.arrangeID = arrangeID;
        }
        public String getGrade() {
            return grade;
        }
        public void setGrade(String grade) {
            this.grade = grade;
        }
        public String getClassName() {
            return className;
        }
        public void setClassName(String className) {
            this.className = className;
        }
        public String getYear() {
            return year;
```

```java
        }
        public void setYear(String year) {
            this.year = year;
        }
        public String getSemester() {
            return semester;
        }
        public void setSemester(String semester) {
            this.semester = semester;
        }
        public String getCourse() {
            return course;
        }
public void setCourse(String course) {
            this.course = course;
        }
        public String getTeacher() {
            return teacher;
        }
        public void setTeacher(String teacher) {
            this.teacher = teacher;
        }
        public int getHours() {
            return hours;
        }
        public void setHours(int hours) {
            this.hours = hours;
        }
}
```

ClassCourseFactory 类代码如下。

```java
package szpt.studentmanage.dataclass;

import java.sql.ResultSet;
import java.sql.SQLException;
import java.util.ArrayList;
import java.util.List;

public class ClassCourseFactory {
    private List classCourseList = new ArrayList();   //定义变量用于存放排课对象集

    public List getClassCourseList() { //定义获取 classCourseLIst 的 getter 方法
        return classCourseList;
    }
    //在构造器中完成数据的读取与 classCourseList 的数据创建
    public ClassCourseFactory(String queryStr) {
        CommonADO commonADO = CommonADO.getCommonADO();
        ResultSet rs = commonADO.executeSelect(queryStr);
        try {
            while (rs.next()) {
                ClassCourseEntity classCourse = new ClassCourseEntity();
```

```java
                    classCourse.setArrangeID(rs.getInt("id"));
                    classCourse.setGrade(rs.getString("grade"));
                    classCourse.setClassName(rs.getString("class"));
                    classCourse.setYear(rs.getString("year"));
                    classCourse.setSemester(rs.getString("semester"));
                    classCourse.setCourse(rs.getString("course"));
                    classCourse.setTeacher(rs.getString("teacher"));
                    classCourse.setHours(rs.getInt("hours"));

                    classCourseList.add(classCourse);
                }
            } catch (SQLException e) {
                e.printStackTrace();
            }
        }

        public static boolean InsertDB(ClassCourseEntity newCourse) {
            CommonADO con = CommonADO.getCommonADO();
            String querySql = "select * from class_course where course='"
                    + newCourse.getCourse() + "' and class='"
                    + newCourse.getClassName() + "'";
String insertSql = "insert into
class_course(grade,class,year,semester,course,teacher,hours) values('"
                    + newCourse.getGrade()+ "','"
                    + newCourse.getClassName()+ "','"
                    + newCourse.getYear()+ "','"
                    + newCourse.getSemester()+ "','"
                    + newCourse.getCourse()+ "','"
                    + newCourse.getTeacher() + "','"
                    + newCourse.getHours() + ")";

            ResultSet rs = con.executeSelect(querySql);
            try {
                if (!rs.next()) {
                    con.executeUpdate(insertSql);
                    return true;
                } else
                    return false;
            } catch (SQLException e) {
                e.printStackTrace();
            }
            return false;
        }

        public static void deleteDB(ClassCourseEntity course) {
            CommonADO con = CommonADO.getCommonADO();
            String delSql = "delete from class_course where grade='"
                    +course.getGrade()    +"' and class='"+course.getClassName()
                    +"' and course='"+course.getCourse()+"'";
            con.executeUpdate(delSql);
        }
    }
}
```

ClassCourseFactory 类在构造器方法中实现数据的查询以及构建排课对象集 classCoureList，构造器方法参数为数据查询的条件。方法 InsertDB 用于实现新排课数据的数据库插入操作，在【添加课程】按钮的事件代码中调用。方法 DeleteDB 用于从数据库表中删除已排的某门课程，在【删除课程】按钮的事件代码中调用。

（4）已排课程的表格显示

步骤 1：在 tableViewer 的属性视图中，分别设置 tableViewer 对象的内容提供器属性 contentProvider、标签提供器属性 labelProvider。

内容提供器代码如下。

```java
private static class ContentProvider implements IStructuredContentProvider {
    public Object[] getElements(Object inputElement) {
        ClassCourseFactory classCourseFactory=(ClassCourseFactory)inputElement;
        return classCourseFactory.getClassCourseList().toArray();
    }
    public void dispose() {
    }

    public void inputChanged(Viewer viewer, Object oldInput, Object newInput) {
    }
}
```

标签提供器代码如下。

```java
private class TableLabelProvider extends LabelProvider implements ITableLabelProvider {
    public Image getColumnImage(Object element, int columnIndex) {
        return null;
    }

    public String getColumnText(Object element, int columnIndex) {
        ClassCourseEntity oneCourse=(ClassCourseEntity)element;
        if(columnIndex==0)
            return oneCourse.getYear();
        if(columnIndex ==1)
            return oneCourse.getSemester();
        if(columnIndex ==2)
            return oneCourse.getCourse();
        if(columnIndex ==3)
            return oneCourse.getTeacher();
        if(columnIndex ==4)
            return oneCourse.getHours()+"";
        return null;
    }
}
```

步骤 2：为界面中【检索已排课】按钮添加事件处理，代码如下。

```java
buttonOk.addSelectionListener(new org.eclipse.swt.events.SelectionAdapter() {
    public void widgetSelected(org.eclipse.swt.events.SelectionEvent e) {
        grade=comboGrade.getText();
        className=comboClass.getText();
        year=comboYear.getText();
        semester=comboSemester.getText();
```

```
                String selectStr="select * from class_course where grade='" + grade
                    + "' and class='" + className + "' and year='" + year
                    + "' and semester='" + semester + "'";
                tableViewer.setInput(new ClassCourseFactory(selectStr));
                tableViewer.refresh();
            }
        });
```

（5）添加新排课功能的实现

为【添加课程】按钮添加事件处理，代码如下。

```
buttonAdd.addSelectionListener(new org.eclipse.swt.events.SelectionAdapter() {
    public void widgetSelected(org.eclipse.swt.events.SelectionEvent e) {
        //添加新排课
        String course=comboCourse.getText();
        String teacher=comboTeacher.getText();
        int hours=Integer.parseInt(textHours.getText().trim());
        ClassCourseEntity newCourse=new ClassCourseEntity();
        newCourse.setGrade(grade);
        newCourse.setClassName(className);
        newCourse.setYear(year);
        newCourse.setSemester(semester);
        newCourse.setCourse(course);
        newCourse.setTeacher(teacher);
        newCourse.setHours(hours);
        if(ClassCourseFactory.InsertDB(newCourse)){
            tableViewer.add(newCourse);
            // 班级排课成功后，向成绩表中插入学生成绩记录
            CommonADO ado = CommonADO.getCommonADO();
            String stuQuery = "select * from student where grade='"
                    + grade + "' and class='" + className + "'";
            String insertStr = null;
            ResultSet rs = ado.executeSelect(stuQuery);
            List stuList = new ArrayList<StudentEntity>();
            try {while (rs.next()) {
                    StudentEntity student = new StudentEntity();
                    student.setStuName(rs.getString("name"));
                    student.setStuNo(rs.getInt("number"));
                    stuList.add(student);
                }
            } catch (SQLException e2) {e2.printStackTrace();   }
            Iterator it1 = stuList.iterator();
            while (it1.hasNext()) {
                StudentEntity stu = (StudentEntity) it1.next();
                insertStr = "insert into course_score
                    (year,semester,course,grade,class,stuNo,stuName,teacher) values('"
                    + year+ "','"+ semester + "','"+ course+ "','"+ grade+"',"
                    + className    + "','"+ stu.getStuNo()+ "','"+ stu.getStuName()
                    + "','"+ teacher + "')";
                ado.executeUpdate(insertStr);
            }  }
        else
```

```
                    MessageDialog.openInformation(sShell, "信息提示"
                            ,"该课已排,请重新输入新课程进行排课");
                }});
```
（6）删除已排课程功能的实现

为【删除课程】按钮添加事件处理,代码如下。

```
buttonDelCourse.addSelectionListener(new org.eclipse.swt.events.SelectionAdapter() {
        public void widgetSelected(org.eclipse.swt.events.SelectionEvent e) {
            //删除排课
            int delIndex=table.getSelectionIndex();
            ClassCourseEntity courseToDel=
                    (ClassCourseEntity)table.getItem(delIndex).getData();
            tableViewer.remove(courseToDel);
            ClassCourseFactory.deleteDB(courseToDel);
            //删除排课后,将成绩表中的相应记录删除
            String deleteStr="delete from course_score where grade='"
                    +courseToDel.getGrade()+"' and class='"+courseToDel.getClassName()
                    +"' and course='"+courseToDel.getCourse()+"'";
            CommonADO ado=CommonADO.getCommonADO();
            ado.executeUpdate(deleteStr);
        }
});
```

4. 管理员子系统【学生信息查询】、【教师信息查询】功能的实现

【学生信息查询】与【教师信息查询】功能在实现思路和实现方法上是相同的,因此,本节仅介绍【学生信息查询】功能的实现。

功能设计基本思路：本系统将学生信息查询功能分为按班级查询和按姓名查询,查询结果采用表格形式显示。该功能实现的关键是使用查询条件构建表格中显示的数据的数据对象列表,查询条件通过数据工厂类的构造器参数传递。【学生信息查询】功能模块的界面如图 5.15 所示。

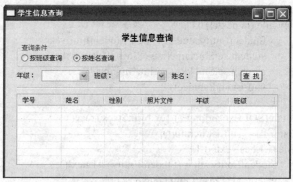

图 5.15 学生信息查询界面

实现步骤如下。

（1）在 StudentScoreManageV3.0 项目的 szpt.studentmanage.visualclass 包中添加 Swt Shell,类名为 StudentQuery。按照图示学生信息查询界面设计该界面。界面控件命名如表 5.8 所示。

表 5.8 学生信息查询界面中控件

控件	对象名	说明
按班级查询单选按钮	radioButtonClass	用于选择按班级查询
按姓名查询单选按钮	radioButtonName	用于选择按姓名查询
年级选择下拉框	comboGrade	用于选择查询年级
班级选择下拉框	comboClass	用于选择查询班级
姓名输入文本框	textName	用于输入姓名
【查找】按钮	buttonSearch	单击【查找】按钮，实现信息查询
学生信息显示 Table	table	用于显示查询的学生的信息
学生信息显示 TableViewer	tableViewer	用于完成表格数据显示等功能

（2）设计学生实体类 StudentEntity。

在 szpt.studentmanage.dataclass 包中创建学生实体类 StudentEntity，类的代码如下。

```java
package szpt.studentmanage.dataclass;
public class StudentEntity {
    private int stuNo;
    private String stuName=null;
    private String stuSex=null;
    private String stuGrade=null;
    private String stuClass=null;
    private String stuPhoto=null;
    public int getStuNo() {
        return stuNo;
    }
    public void setStuNo(int stuNo) {
        this.stuNo = stuNo;
    }
    public String getStuName() {
        return stuName;
    }
    public void setStuName(String stuName) {
        this.stuName = stuName;
    }
    public String getStuSex() {
        return stuSex;
    }
    public void setStuSex(String stuSex) {
        this.stuSex = stuSex;
    }
    public String getStuGrade() {
        return stuGrade;
    }
    public void setStuGrade(String stuGrade) {
```

```java
            this.stuGrade = stuGrade;
        }
        public String getStuClass() {
            return stuClass;
        }
        public void setStuClass(String stuClass) {
            this.stuClass = stuClass;
        }
        public String getStuPhoto() {
            return stuPhoto;
        }
        public void setStuPhoto(String stuPhoto) {
            this.stuPhoto = stuPhoto;
        }}
```

（3）设计学生对象数据列表生成类 StudentFactory。

在 szpt.studentmanage.dataclass 包中创建学生实体类 StudentFactory，由于要实现按班级查询和按学生姓名查询学生信息，将 StudentFactory 类的构造器设计为带查询语句字符串的参数形式。类代码如下。

```java
package szpt.studentmanage.dataclass;
import java.sql.ResultSet;
import java.util.ArrayList;
import java.util.List;
public class StudentFactory {
        private List stuList=new ArrayList();
        public StudentFactory(String querySql){
            try {
                CommonADO con=CommonADO.getCommonADO();
                ResultSet rs=con.executeSelect(querySql);
                while(rs.next()){
                    StudentEntity student=new StudentEntity();
                    student.setStuNo(rs.getInt("number"));
                    student.setStuName(rs.getString("name"));
                    student.setStuSex(rs.getString("sex"));
                    student.setStuGrade(rs.getString("grade"));
                    student.setStuClass(rs.getString("class"));
                    student.setStuPhoto(rs.getString("photo"));
                    stuList.add(student);
                }
            } catch (Exception e) {
                e.printStackTrace();
            }
        }
        public List getStuList() {
            return stuList;
        }
}
```

（4）在 tableViewer 的属性视图中，分别设置 tableViewer 对象的内容提供器属性 contentProvider、标签提供器属性 labelProvider。

内容提供器代码如下。

```java
private static class ContentProvider implements IStructuredContentProvider {
        public Object[] getElements(Object element) {
            StudentFactory studentFactory=(StudentFactory )element;
            return studentFactory.getStuList().toArray();
        }
        public void dispose() {
        }
        public void inputChanged(Viewer viwer, Object oldInput, Object newInput) {
        }
    }
}
```

标签提供器代码如下。

```java
private class TableLabelProvider extends LabelProvider implements ITableLabelProvider {
        public Image getColumnImage(Object element, int columnIndex) {
            return null;
        }
        public String getColumnText(Object element, int columnIndex) {
            StudentEntity student=(StudentEntity)element;
            if(columnIndex= =0)     return student.getStuNo()+"";
            if(columnIndex = =1)    return student.getStuName();
            if(columnIndex = =2)    return student.getStuSex();
            if(columnIndex = =3)    return student.getStuPhoto();
            if(columnIndex = =4)    return student.getStuGrade();
            if(columnIndex = =5)    return student.getStuClass();
            return null;
        }
}
```

（5）为【按班级查询】和【按姓名查找】按钮添加事件处理。

实现单击【按班级查询】按钮时，将姓名输入框置为不可用状态；单击【按姓名查询】按钮时，将年级和班级选择置为不可用状态。事件处理代码如下。

```java
radioButtonClass.addSelectionListener(new org.eclipse.swt.events.SelectionAdapter() {
    public void widgetSelected(org.eclipse.swt.events.SelectionEvent e) {
        //选择按班级查询，使姓名输入文本框不可用
        textName.setEnabled(false);
        comboGrade.setEnabled(true);
        comboClass.setEnabled(true);
    }
});
radioButtonName.addSelectionListener(new org.eclipse.swt.events.SelectionAdapter() {
    public void widgetSelected(org.eclipse.swt.events.SelectionEvent e) {
        //选择按姓名查询，使年级、班级选择不可用
        comboGrade.setEnabled(false);
        comboClass.setEnabled(false);
        textName.setEnabled(true);
    }
});
```

（6）实现年级、班级下拉列表框中年级与班级的显示，实现方法参照【班级排课】功能中的相同功能的实现。

（7）为【查找】按钮添加事件处理，事件处理代码如下。

```java
buttonSearch.addSelectionListener(new org.eclipse.swt.events.SelectionAdapter() {
    public void widgetSelected(org.eclipse.swt.events.SelectionEvent e) {
        //根据查询条件实现查询，并将数据显示在表格中
        String querySql=null;
        if(radioButtonClass.getSelection())
            querySql="select * from student where grade='"
                +comboGrade.getText()+"' and class='"+comboClass.getText()+"'";
        else
            querySql="select * from student where name='"
                +textName.getText().trim()+"'";
        StudentFactory studentFactory=new StudentFactory(querySql);
        tableViewer.setInput(studentFactory);
    }
});
```

5．管理员子系统功能集成

至此，本节完成了管理员子系统中的课程管理、班级排课管理、学生信息查询等子模块功能的设计与实现。接下来，需要将这些子模块与管理员子系统主界面进行集成。即为菜单项目或工具项添加事件处理。

各子功能模块的实现方法相同，以课程管理子功能模块为例给出实现方法。

在 AdminMainShell 类的界面组件结构视图中，右键单击【课程管理】菜单项，为该菜单项添加 widgetSelected 事件，事件处理代码如下。

```java
pushCourseManage.addSelectionListener(
new org.eclipse.swt.events.SelectionListener() {
    public void widgetSelected(org.eclipse.swt.events.SelectionEvent e) {
        //转课程管理界面
        new CourseManage().getsShell().open();
    }
    public void widgetDefaultSelected(org.eclipse.swt.events.SelectionEvent e) {
    }
});
```

同样，为工具条中【课程管理】工具项添加 widgetSelected 事件，事件处理代码如上面所示菜单事件处理代码相同。

5.6.4 教师子系统功能的实现

功能模块设计基本思路：教师子系统是系统为教师用户提供的功能模块，因此，主要设计教师课程浏览和成绩录入两大功能，模块功能界面如图 5.16 和图 5.17 所示。界面总体设计采用选项卡形式，分为【开课浏览】和【成绩录入】。当用户以教师身份登录进入该教师子系统后，选择学年和学期，单击【检索开课】，系统将本学期该教师所承担的所有课程显示在表格中。选择其中任何一门课程，单击【成绩录入】选项卡，可以进入到成绩录入界面，录入该课程学生的成绩，为了方便操作，提高效率，录入成绩界面也采用表格的形式，每录入一个学生的成绩，成绩会自动保存在数据库表中。

第 5 章 表格设计与数据处理

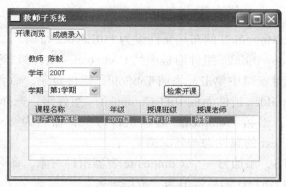

图 5.16 教师子系统开课浏览界面

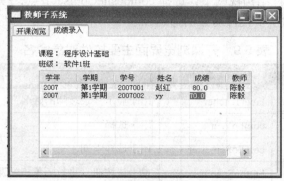

图 5.17 教师子系统成绩录入界面

1．教师子系统界面设计

（1）在 StudentScoreManageV3.0 项目中 szpt.studentmanage.visualclass 包中添加 Swt Shell，类名为 TeacherMainShell。

（2）设计选项卡界面。

选项卡界面一般用于界面信息量比较大，并可进行一定分类设计的情况。在 Swt GUI 中，选项卡界面由选项卡文件夹（tab folder）和选项卡项（tab item）组成。一个选项卡文件夹可包含多个选项卡项，其中每个选项卡项都是一个完整的 GUI，一次只能显示一个选项卡。选项卡的组件结构如图 5.18 所示。

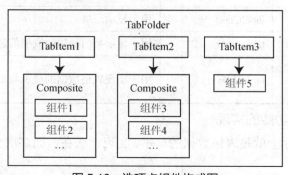

图 5.18 选项卡组件构成图

135

教师子系统界面选项卡的设计步骤如下。

步骤 1：将 TeacherMainShell 的布局属性设为 FillLayout 布局。

步骤 2：展开 WindowBuilder 组件面板中的 Composites 组件组，选择 TabFolder 组件，在 TeacherMainShell 设计窗口中单击，添加 TabFolder 组件对象，命名为 tabFolder。

步骤 3：WindowBuilder 组件面板中的 Composites 组件组，选择 Composite 组件，在 tabFolder 组件上单击，添加 Composite 容器组件对象，命名为 compositeCourse，设置 compositeCourse 的 tabText 的属性为"开课浏览"。

步骤 4：重复步骤 3，添加另一个 Composite 容器组件对象，命名为 compositeScore，设置 compositeScore 的 tabText 的属性值为"成绩录入"。

步骤 5：在界面组件结构视图中，选择 compositeCourse 节点，按照【开课浏览】界面要求设计界面。界面中主要控件对象的命名如表 5.9 所示。

表 5.9　开课浏览界面主要控件对象命名

控件	对象名	说明
教师姓名显示标签	labelTeacher	用于显示登录教师的姓名
学年选择下拉框	comboYear	用于选择学年
学期选择下拉框	comboSemester	用于选择学期
【检索开课按钮】按钮	buttonSearch	单击该按钮，将教师承担的课程显示在表格中
课程信息显示表格	tableCourse	用于显示教师所承担的课程
课程信息表格的 TableViewer 控件	tableViewer	用于实现表格数据的显示

步骤 6：在 Java Beans 视图中，选择 compositeScore 节点，按照【录入成绩】界面要求设计界面。界面中主要控件对象的命名如表 5.10 所示。

表 5.10　录入成绩界面主要控件对象命名

控件	对象名	说明
课程名显示标签	labelCourse	用于显示课程名
班级显示标签	labelClass	用于显示班级
成绩显示与录入表格	tableInput	用于显示某门课程的成绩信息
成绩表格的 TableViewer 控件	tableViewer1	用于实现表格数据的显示与编辑

1. 【开课浏览】功能的实现

开课浏览功能实际上就是表格数据的显示，实现方法在前面多次介绍，请自行完成（见 5.6 节实战演练）。

2.【成绩录入】功能的实现

基本思路：系统要求单击【成绩录入】选项卡项后，将所选课程的学生成绩信息显示在表格中，并提供成绩录入功能。因此，该功能实现的思路是为选项卡添加事件处理，实现表格的数据显示和表格的编辑。

（1）创建课程成绩实体类 CourseScoreEntity 和数据创建类 CourseScoreFactory。

在 szpt.studentmanage.dataclass 包中创建 CourseScoreEntity 类，该类对象对应数据库表 course_scoure 中的记录，类代码如下。

```java
package szpt.studentmanage.dataclass;
public class CourseScoreEntity {
    private int scoreID;
    private String year;
    private String semester;
    private String course;
    private String grade;
    private String className;
    private int stuNo;
    private String stuName;
    private float score;
    private String teacher;

    //为成员变量生成 getter/setter 方法，此处略！
}
```

在 szpt.studentmanage.dataclass 包中创建 CourseScoreFactory 类，该类实现数据库表到 Java 对象列表的转换，类代码如下。

```java
package szpt.studentmanage.dataclass;
import java.sql.ResultSet;
import java.sql.SQLException;
import java.util.ArrayList;
import java.util.List;

public class CourseScoreFactory {
    private List scoreList=new ArrayList();
    public CourseScoreFactory(String queryStr){
        CommonADO commonADO = CommonADO.getCommonADO();
        ResultSet rs = commonADO.executeSelect(queryStr);
        try {
            while (rs.next()) {
                CourseScoreEntity oneScore = new CourseScoreEntity();
                oneScore.setYear(rs.getString("year"));
                oneScore.setSemester(rs.getString("semester"));
                oneScore.setCourse(rs.getString("course"));
                oneScore.setGrade(rs.getString("grade"));
                oneScore.setClassName(rs.getString("class"));
                oneScore.setStuNo(rs.getInt("stuNo"));
                oneScore.setStuName(rs.getString("stuName"));
                oneScore.setScore(rs.getFloat("score"));
                oneScore.setTeacher(rs.getString("teacher"));
```

```java
                scoreList.add(oneScore);
            }
        } catch (SQLException e) {
            e.printStackTrace();
        }
    }

    public List getScoreList() {
        return scoreList;
    }

    public static void modifyDB(CourseScoreEntity courseScore,float score){
        CommonADO con = CommonADO.getCommonADO();
        String upSql="update course_score set Score="+score     +"where stuNo="
+courseScore.getStuNo()+" and course='"+courseScore.getCourse()+"'";
        con.executeUpdate(upSql);
    }
}
```

类中定义的 modifyDB 方法用于修改表格单元格数据时同步修改数据库表中对应记录的数据。

（2）设置成绩表格的 tableViewer1 的 contentProvider、labelProvider 属性。

设置 tableViewer1 的 contentProvider 属性，在生成的代码框架中编写如下黑体所示代码。

```java
private static class ContentProvider implements IStructuredContentProvider {
        public Object[] getElements(Object element) {
            CourseScoreFactory factory=(CourseScoreFactory)element;
            return factory.getScoreList().toArray();
        }
        public void dispose() {
        }
        public void inputChanged(Viewer viewer, Object oldInput, Object newInput) {
        }
}
```

设置 tableViewer1 的 labelprovider 属性，在生成的代码框架中编写如下黑体所示代码。

```java
private class TableLabelProvider extends LabelProvider implements ITableLabelProvider {
    public Image getColumnImage(Object element, int columnIndex) {
            return null;
        }

        public String getColumnText(Object element, int columnIndex) {
            CourseScoreEntity oneScore=(CourseScoreEntity)element;
            if(columnIndex==0)   return oneScore.getYear();
            if(columnIndex ==1)  return oneScore.getSemester();
            if(columnIndex ==2)  return oneScore.getStuNo()+"";
            if(columnIndex ==3)  return oneScore.getStuName();
            if(columnIndex ==4)  return oneScore.getScore()+"";
            if(columnIndex ==5)  return oneScore.getTeacher();
            return null;
        }
}
```

第 5 章 表格设计与数据处理

（3）为 tabFolder 添加事件处理。

当单击【成绩录入】选项卡时，获取【课程浏览】选项卡中所选课程数据，并通过 input 设置 tableViewer1 的数据源，实现表格数据的显示。

```
tabFolder.addSelectionListener(new org.eclipse.swt.events.SelectionAdapter() {
    public void widgetSelected(org.eclipse.swt.events.SelectionEvent e) {
        int tabSelectIndex=tabFolder.getSelectionIndex();
        int courseSelectIndex=tableCourse.getSelectionIndex();
        if(tabSelectIndex==1){
            if(courseSelectIndex>=0){
                //取得所选课程数据并做相应处理
                ClassCourseEntity oneClassCourse=
                    (ClassCourseEntity)tableCourse.getItem(courseSelectIndex).getData();
                String course=oneClassCourse.getCourse();
                String className=oneClassCourse.getClassName();
                labelCourse.setText(course);
                labelClass.setText(className);
                String queryStr="select * from course_score where course='"+course
                    +"' and class='"+className+"'";
                tableViewer1.setInput(new CourseScoreFactory(queryStr));
            }
            else
                MessageDialog.openInformation(sShell, "信息提示"
,"请在开课浏览中选项卡中选择要录入的成绩的课程");
        }
    }
});
```

（4）实现表格的编辑。

在 5.4 节中介绍过，使用 Table 与 TableViewer 控件实现表格的编辑需要设置表格单元编辑器和设置表格单元修改器两个步骤。

在 TeacherMainShell 类的 createCompositeScore()方法的最后添加设置表格单元格编辑器的代码。

```
private void createCompositeScore() {
    ……
    //定义每列的别名
    tableViewer1.setColumnProperties(new String[] { "Year",
        "Semester", "StuNo", "StuName", "Score" ,"teger"});
    CellEditor[] cellEditor = new CellEditor[6];
    for(int i=0;i<6;i++){
        cellEditor[i] = null;
    }
    cellEditor[4] = new TextCellEditor(tableViewer1.getTable());
    tableViewer1.setCellEditors(cellEditor);
}
```

设置 TableViewer1 的 cellModify 属性，在自动生成的代码框架中编写如下黑体所示代码。

```
tableViewer1.setCellModifier(new ICellModifier(){
    public boolean canModify(Object arg0, String arg1) {
```

139

```java
            return true;
        }

        public Object getValue(Object arg0, String arg1) {
            CourseScoreEntity oneScore=(CourseScoreEntity)arg0;
            if(arg1.equals("Score"))
                return oneScore.getScore()+"";
            return null;
        }

        public void modify(Object arg0, String arg1, Object arg2) {
            TableItem tableItem=(TableItem)arg0;
            CourseScoreEntity courseScore=(CourseScoreEntity)tableItem.getData();
            float score=Float.parseFloat((String)arg2);
            if(arg1.equals("Score"))
                courseScore.setScore(score);
            tableViewer1.update(courseScore, null);
            CourseScoreFactory.modifyDB(courseScore, score);
        }
});
```

3. 教师子系统的集成

完成教师子系统的开发后，需要将教师子系统与学生成绩管理系统进行集成。

（1）修改教师子系统类。

在 TeacherMainShell 类中定义变量 teacherName，用于保存登录教师的姓名；添加构造器方法，用于调用窗体初始化方法和实现参数的传递；添加 getsShell 方法，为获取教师子系统窗口对象提供途径。具体代码如下。

```java
private String teacherName=null;

public TeacherMainShell(String teacherName){
    this.teacherName=teacherName;
    createSShell();
}

public Shell getsShell() {
    return sShell;
}
```

（2）修改登录界面的【登录】按钮的事件处理代码，登录教师子系统的代码如下。

```java
else if(userType.equals("教师")){
    //如果以教师身份登录，则进入教师子系统
    TeacherMainShell teacherMain=new TeacherMainShell(userName);
    sShell=teacherMain.getsShell();
    sShell.open();
    oldShell.dispose();
}
```

5.7 实战演练

1. 学生子系统功能的实现

学生成绩管理系统中的学生子系统为学生提供课程成绩查询功能,要求如下。

(1) 设计子系统界面如图 5.19 所示。

(2) 完成按学期和按课程两种方法的成绩查询功能。

(3) 完成学生子系统与学生成绩管理系统的集成。

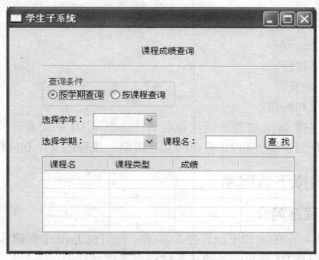

图 5.19 学生子系统界面

2. 教师子系统中【开课浏览】功能的实现

教师子系统界面参照 5.6.4 节,要求实现【开课浏览】功能。

第 6 章 Java 线程

本章要点

- 线程的概念；
- 线程的创建和启动；
- 线程与 UI 的交互；
- 线程的互斥和协作。

本章主要内容包括 Java 线程的创建和启动、线程与 UI 的交互、线程的互斥和协作 3 个基本主题，重点介绍了线程和 UI 界面的交互机制、线程的互斥和协作。

6.1 开发模拟下载程序

6.1.1 模拟下载程序简介

本节将以图 6.1 所示的模拟下载程序为实例，介绍在 Java 中创建和启动一个用户线程基本方法，以及线程与 UI 界面交互的基本过程与步骤。

模拟下载程序界面由一个进度条组件和一个按钮组件构成，当单击【开始下载】按钮后，程序模拟一个文件下载的过程，进度条表示下载的百分比，每秒前进 10%，直到到达 100% 为止。

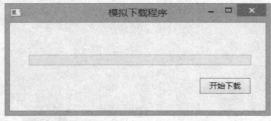
（a）模拟下载程序初始界面

（b）单击【开始下载】按钮后界面

图 6.1

按照前面常用的做法，只需要在按钮自动生成的事件处理代码框架中添加如下事件处理代码。

```
btnBeginDownload.addSelectionListener(new SelectionAdapter() {
    @Override
    public void widgetSelected(SelectionEvent e) {
        while(true){
            CurrentPosition++;
```

```
            if(CurrentPosition>100)
                break;
            try {
                Thread.sleep(100); //等待 0.1 秒
            } catch (InterruptedException e1) {
                // TODO Auto-generated catch block
                e1.printStackTrace();
            }
            progressBar.setSelection(CurrentPosition);
        }
    }
});
```

运行后可以发现，当单击【开始下载】按钮后，进度条开始滚动，但此时程序的界面不再响应用户的操作，类似死机的状态，直到下载完成后，才恢复正常。这是因为模拟下载的代码耗时较长，造成了主线程的阻塞，要解决这个问题，需要引入线程，将这部分耗时的工作放到后台线程中去执行，避免阻塞主线程。

6.1.2 线程的概念

通常情况下，我们将一个运行中的应用程序称为一个进程（Process），每个进程中又可能包含了多个顺序执行流，每个顺序执行流就是一个线程（Thread）。所以简单而言，所谓线程（Thread）就是程序中的一个指令执行序列。例如我们打开一个 Word 程序，编辑一份文档，这时在操作系统中就启动了一个 Word 进程。在我们编辑文档的过程中，如果 Word 又在做拼写检查，那么这个执行拼写检查的执行流，就是一个线程。

线程（Thread）是程序执行流的最小单元。一个标准的线程由线程 ID、当前指令指针（PC）、寄存器集合和堆栈组成。线程是进程中的一个实体，是被系统独立调度和分派的基本单位，线程自己不拥有系统资源，只拥有一些在运行中必不可少的资源，但它可与同属一个进程的其他线程共享进程所拥有的全部资源。当一个程序启动时，就有一个进程被操作系统创建，与此同时一个线程也立刻运行，该线程通常叫做程序的主线程（Main Thread），因为它是程序开始时就执行的，如果你需要再创建线程，那么创建的线程就是这个主线程的子线程。每一个程序都至少有一个线程，若程序只有一个线程，那就是程序本身。

在单个程序中同时运行多个线程完成不同的工作，称为多线程。当有多个线程在运行时，操作系统是如何让它们"同时执行"的呢？其实计算机中一个 CPU 在任意时刻只能执行一条机器指令，每个线程只有获得 CPU 的使用权才能执行自己的指令。操作系统通过将 CPU 时间划分为时间片的方式，让就绪的线程轮流获得 CPU 的使用权，从而支持多段代码轮流运行，只不过这个时间片划分得足够小，使用户在觉得是同时执行罢了。因此，所谓多线程的并发运行，其实是指从宏观上看，各个线程轮流获得 CPU 的使用权，分别执行各自的任务。

在 Java 中创建线程有两种方法：继承 Thread 类和实现 Runnable 接口。

（1）通过继承 Thread 类创建线程

通过继承 Thread 类，并重写 run()方法，可以定义自己的线程类 Demo。将希望线程执行的代码，写到 run()方法中。

```java
public class Demo extends Thread {

    private String name;

    public Demo(String name){
            this.name=name;
    }

    @Override
    public void run() {
        // TODO Auto-generated method stub
        for(int i=0;i<10;i++){
            System.out.println(this.name + " is running,i=" + i);
        }
    }
}
```

启动线程需要调用 start()方法，运行结果如图 6.2（a）所示。注意，由于线程是随机运行的，所以每次运行的结果均会不同。如果直接调用 run()方法，行吗？运行结果如图 6.2（b）所示，比较两个结果，请尝试分析其中的原因。

```java
class DemoTest{
    public static void main(String[] args){
        Demo t1=new Demo("Thread_1");
        Demo t2=new Demo("Thread_2");

        t1.start();
        t2.start();
    }
}
```

```
Thread_2 is running,i=0
Thread_1 is running,i=0
Thread_2 is running,i=1
Thread_1 is running,i=1
Thread_1 is running,i=2
Thread_2 is running,i=2
Thread_2 is running,i=3
Thread_1 is running,i=3
Thread_2 is running,i=4
Thread_2 is running,i=5
Thread_1 is running,i=4
Thread_2 is running,i=6
Thread_1 is running,i=5
Thread_2 is running,i=7
Thread_1 is running,i=6
Thread_2 is running,i=8
Thread_1 is running,i=7
Thread_2 is running,i=9
Thread_1 is running,i=8
Thread_1 is running,i=9
```

```
Thread_1 is running,i=0
Thread_1 is running,i=1
Thread_1 is running,i=2
Thread_1 is running,i=3
Thread_1 is running,i=4
Thread_1 is running,i=5
Thread_1 is running,i=6
Thread_1 is running,i=7
Thread_1 is running,i=8
Thread_1 is running,i=9
Thread_2 is running,i=0
Thread_2 is running,i=1
Thread_2 is running,i=2
Thread_2 is running,i=3
Thread_2 is running,i=4
Thread_2 is running,i=5
Thread_2 is running,i=6
Thread_2 is running,i=7
Thread_2 is running,i=8
Thread_2 is running,i=9
```

（a）调用 start()方法的运行结果　　（b）调用 run()方法的运行结果

图 6.2

（2）通过实现 Runnable 接口创建线程

由于 Java 是单继承的，如果继承了 Thread 类，就无法再继承其他的类了，因此实际开发过程中，我们通常采用实现 Runnable 接口的方式。

```java
public class Demo implements Runnable {

    private String name;

    public Demo(String name){
        this.name=name;
    }

    @Override
    public void run() {
        // TODO Auto-generated method stub
        for(int i=0;i<10;i++){
            System.out.println(this.name + " is running,i=" + i);
        }
    }
}
```

两种创建线程的方法主要的不同在于将继承（extends Thread）改为了实现（implements Runnable）。

启动线程同样不能直接调用 run()方法，而只能通过 Thread 类中的 start()方法启动，因为 Thread 类也实现了 Runnable 接口，因此，Thread 类中有接受 Runnable 接口作为参数的构造器方法——public Thread(Runnable target)。程序运行结果如图 6.3 所示。

```java
class DemoTest{
    public static void main(String[] args){
        Demo d1=new Demo("Thread_1");
        Demo d2=new Demo("Thread_2");
        Thread t1=new Thread(d1);
        Thread t2=new Thread(d2);
        t1.start();
        t2.start();
    }
}
```

```
Thread_2 is running,i=0
Thread_1 is running,i=0
Thread_2 is running,i=1
Thread_1 is running,i=1
Thread_2 is running,i=2
Thread_1 is running,i=2
Thread_2 is running,i=3
Thread_1 is running,i=3
Thread_2 is running,i=4
Thread_1 is running,i=4
Thread_1 is running,i=5
Thread_1 is running,i=6
Thread_1 is running,i=7
Thread_2 is running,i=5
Thread_1 is running,i=8
Thread_2 is running,i=6
Thread_1 is running,i=9
Thread_2 is running,i=7
Thread_2 is running,i=8
Thread_2 is running,i=9
```

图 6.3 实现 Runnable 接口方式创建线程

6.1.3 开发模拟下载程序

1. 创建一个 Swt/Jface Java Project

选择 Eclipse 的菜单【File】|【new】|【Others】中的【Swt/Jface Java Project】，项目命名为 sim_download。

2. 创建一个 Application Window 类 DownloadFrame

参照前面章节的操作，在界面设计面板中将出现一个窗体 DownloadFrame。

3. 设置窗体属性

设置窗体的大小至合适值，输入窗体标题为："模拟下载程序"。

4. 创建界面组件，设置组件属性

采用手工布局方式（设置窗体布局为 null），在相应的位置放置相关组件，并根据表 6.1 设置各组件的属性值。

表 6.1 模拟下载界面的组件设置

组件类型	组件对象名	属性值设置
Label	lblInfo	text：空
ProgressBar	progressBar	minimum：0 maximum：100
Button	btnBeginDownload	text：开始下载

5. 在 DownloadFrame 类中添加内部类 MyTask

添加 MyTask 内部类，实现 Runnable 接口，然后重写 run()方法，将 6.1.1 节中模拟下载的代码放在 run()方法中。其中，CurrentPosition 为 DownloadFrame 类中定义的整型成员变量。

```java
class MyTask implements Runnable{
    @Override
    public void run() {
        // TODO Auto-generated method stub
        while(true){
            CurrentPosition++;
            if(CurrentPosition>100)
                break;
            try {
                Thread.sleep(100); //等待 0.1 秒
            } catch (InterruptedException e1) {
                // TODO Auto-generated catch block
                e1.printStackTrace();
            }
            progressBar.setSelection(CurrentPosition);
        }
    }
}
```

6. 为按钮添加事件处理

在按钮自动生成的事件处理代码框架中添加事件处理代码，启动模拟下载线程，如下所示。

```
btnBeginDownload.addSelectionListener(new SelectionAdapter() {
    @Override
    public void widgetSelected(SelectionEvent e) {
        CurrentPosition=0;
        lblInfo.setText("开始下载....");
        Thread wt=new Thread(new MyTask());
        wt.start();
    }
});
```

7. 运行程序

运行程序，单击【开始下载】按钮，程序出现错误，如图 6.4 所示。这是因为 Swt 在设计上不是线程安全的，因此，在非 UI 线程中调用 UI 对象是不允许的，若要访问 UI 界面上的对象必须通过 UI 线程来访问。在本程序中 progressBar 对象是在主线程中创建的，而不是 MyTask 线程创建的，因此，在该线程中直接访问 progressBar 对象，设置进度条的位置，将会引发错误。

```
Exception in thread "Thread-0" org.eclipse.swt.SWTException: Invalid thread access
    at org.eclipse.swt.SWT.error(SWT.java:4282)
    at org.eclipse.swt.SWT.error(SWT.java:4197)
    at org.eclipse.swt.SWT.error(SWT.java:4168)
    at org.eclipse.swt.widgets.Widget.error(Widget.java:468)
    at org.eclipse.swt.widgets.Widget.checkWidget(Widget.java:359)
    at org.eclipse.swt.widgets.ProgressBar.setSelection(ProgressBar.java:316)
    at DownloadFrame$MyTask.run(DownloadFrame.java:90)
    at java.lang.Thread.run(Unknown Source)
```

图 6.4 模拟下载程序运行出错信息

8. Swt 程序线程与 UI 界面的交互

要实现本程序的功能，我们需要再创建一个线程，专门更新进度条的值，而将这个线程交给 UI 线程调用。在 Swt 程序中，让 UI 线程调用其他任务的方法是通过 Display 对象实现的。作为 Swt 运行时的核心，Display 管理 GUI 资源，与操作系统进行通信，其中负责调用其他线程的方法有以下 3 种。

- asyncExec(Runnable runnable)：异步启动新的线程。所谓异步，就是 UI 线程不会等待 runnable 对象执行结束后再继续进行，就是说 UI 线程可以和 runnable 对象所在的线程同时运行。
- syncExec(Runnable runnable)：同步启动新的线程。所谓同步，就是 UI 线程会等待 runnable 对象执行结束后才会继续进行，当 runnable 对象是耗时大的线程时，尽量不要采用此种方式。另外，对于该种方式创建的线程可通过 getSyncThread()方法获得线程对象。
- timerExec(int milliseconds,Runnable runnable)：指定一段时间再启动新的线程。用此方法创建的线程，将会在指定的时间后再启动线程。当然用此方法创建的线程启动后，与 UI 线程是异步的。如果指定的时间为负数，将不会按时启动线程。

修改 MyTask 类中的 run()方法，启动一个线程专门更新进度条的值，代码如下。

```java
class MyTask implements Runnable{
    @Override
    public void run() {
        // TODO Auto-generated method stub
        while(true){
            CurrentPosition++;
            if(CurrentPosition>100)
                break;

            //更新进度条的值
            Display.getDefault().asyncExec(new Runnable() {

                @Override
                public void run() {
                    // TODO Auto-generated method stub
                    progressBar.setSelection(CurrentPosition);
                    lblInfo.setText("当前进度    ....." + CurrentPosition + "%");

                    if(CurrentPosition>=100){
                        lblInfo.setText("下载完成");
                    }

                }
            });
            try {
                Thread.sleep(100); //等待 0.1 秒
            } catch (InterruptedException e1) {
                // TODO Auto-generated catch block
                e1.printStackTrace();
            }

        }
    }
}
```

9. 再次运行程序

运行程序，单击【开始下载】按钮，程序开始模拟下载过程，如图 6.5 所示。单击【开始下载】按钮后，程序不会出现"假死"现象。

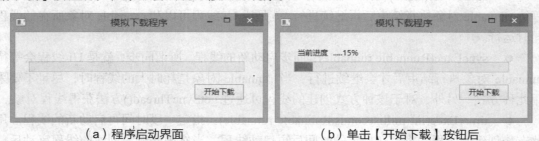

（a）程序启动界面　　　　　　　　　　（b）单击【开始下载】按钮后

图 6.5

第 6 章　Java 线程

6.2　线程的互斥

支持多线程的系统中，并发线程在运行过程时，会有同步（Synchronization）的需求，同步包括了互斥（Mutual Exclusion，简记为 Mutex）与协作（Cooperation）两个方面。本节中，我们将修改模拟下载程序，实现多个下载线程同时工作，以此来探讨多个线程交叉访问临界资源可能遇到的问题和解决方法——线程的互斥。

6.2.1　非线程安全的多线程模拟下载程序

原理上，我们将要下载的资源划分为几个部分，每个下载线程负责其中一部分的下载，这就相当于几个线程同时工作了。为此，我们修改 MyTask 的代码，使之支持多个线程工作。代码如下所示，黑体部分为修改的代码。

```java
class MyTask implements Runnable {
    // 下载开始的位置
    private int begin;
    // 下载结束的位置
    private int end;
    // 本线程下载的量
    private int downloadSize;

    // 构造器方法
    public MyTask(int begin, int end) {
        this.begin = begin;
        this.end = end;
        downloadSize = 0;
    }

    @Override
    public void run() {
        // TODO Auto-generated method stub
        for (int i = begin; i <= end; i++) {

            downloadSize++;
            CurrentPosition++;
            if (CurrentPosition > 100)
                break;

            // 打印在当前运行线程中，CurrentPosition 和 downloadSize 的值
            // Thread.currentThread().getId()获取线程 ID，
            //用以区分不同的线程
            System.out.println(Thread.currentThread().getId()
                + "-->"+ CurrentPosition + "\t downloaded:" + downloadSize);
            // 更新进度条的值
            Display.getDefault().asyncExec(new Runnable() {

                @Override
                public void run() {
                    // TODO Auto-generated method stub
                    progressBar.setSelection(CurrentPosition);
```

```java
                lblInfo.setText("当前进度    ....." + CurrentPosition + "%");

                if (CurrentPosition >= 100) {
                    lblInfo.setText("下载完成");
                }
            }
        });
        try {
            Thread.sleep(100); // 等待 0.1 秒
        } catch (InterruptedException e1) {
            // TODO Auto-generated catch block
            e1.printStackTrace();
        }
    }
  }
}
```

这里为了清楚地展示线程工作的过程，在程序中加入了打印总下载量（CurrentPosition）和当前下载线程（downloadSize）的值。

修改单击【开始下载】按钮的处理代码，黑体部分为修改的部分，如下所示。

```java
btnBeginDownload.addSelectionListener(new SelectionAdapter() {
    @Override
    public void widgetSelected(SelectionEvent e) {
        CurrentPosition=0;
        lblInfo.setText("开始下载....");
        Thread wt1=new Thread(new MyTask(1,50));
        Thread wt2=new Thread(new MyTask(51,100));
        wt1.start();
        wt2.start();

    }
});
```

运行程序，我们发现进度条并未停在100处，如图6.6所示。考察图6.7所示线程工作的部分信息，我们发现，ID为8和9线程的下载量downloadSize都是50，但总下载量却不是100，而是74，这是为什么呢？这是因为在两个下载线程之间共享了DownloadFrame类中的成员变量CurrentPosition。出于性能的考虑，每个线程在自己的工作内存都存储了主内存CurrentPosition变量的一个副本，当线程操作CurrentPosition变量时，首先从主内存复制CurrentPosition变量到工作内存中，然后执行代码加1的操作，最后将这个值刷新到主内存CurrentPosition变量中。而线程的执行依赖于CPU调度，因此这两个线程是无序执行的，那么，有可能出现这种情况：比如当8号线程读取CurrentPosition值（假定为10），然后准备将其加1的时候（还没有执行），9号线程已经将CurrentPosition的值改掉了，变成了11，但8号线程并不知道，仍旧计算出来11，而本来应该是12，于是就造成了CurrentPosition数值不正确。也就是说该程序是非线程安全的程序。要解决这一问题，需要保证一个线程在访问和修改CurrentPosition值的过程中，不会被另一个线程"打扰"，实现对共享资源CurrentPosition变量的互斥访问。

图 6.6　启动两个下载线程的运行结果

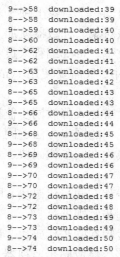

图 6.7　线程工作的部分信息

6.2.2　线程的互斥相关知识

多个线程交叉访问临界资源的时候，如果不对临界区进行互斥管理，执行的结果可能就不是你预想的（如 6.2.1 中程序的效果）。这就需要将多个线程对临界区的执行串行化，也就是通过某种协作机制使线程一个一个顺序地访问临界区资源。

Java 语言对临界区的标识是通过同步方法（Synchronized Method）和同步代码块（Synchronized Statement）实现的。Java 线程在进入这些同步方法或同步语句标识的临界区开始的地方申请被保护对象的对象锁；离开临界区的时候（包括出现异常而离开的时候）释放掉该对象锁；如果该对象锁已经被别的线程锁定，则当前进入的线程被挂起等待。这一切是在 JVM 内部实现的，Java 程序中要做的是用同步方法或同步代码块标识临界区，并指名被保护对象，也就是对象锁所对应的对象。

同步代码块是把某条或某几条语句用 synchronized 关键字标识出并指名同步语句所针对的对象。

（1）同步代码块。

```
synchronized (object) {
    //同步代码
}
```

同步方法则是在一个类的方法的前面用 synchronized 关键字声明，这样标识了一个临界区，在线程访问这个类的对象的该方法的时候，就遵从锁对象的管理机制。对于同步方法而言，无需显示指定同步监视器，同步方法监视器就是本身 this。

（2）同步方法。

```
public synchronized void editByThread() {
    //doSomething
}
```

　注意：synchronized 可以修饰方法、代码块，但不能修饰属性、构造方法。

任何线程进入同步代码块、同步方法之前，必须先获得对同步监视器的锁定。一个线程可以多次对同一个对象上锁。对于每一个对象，Java 虚拟机维护一个加锁计数器，线程每获得一次该对象，计数器就加 1；每释放一次，计数器就减 1；当计数器值为 0 时，锁就被完全释放了。Java 编程人员不需要自己动手加锁，对象锁是 Java 虚拟机内部使用的。在 Java 程序中，只需要使用 synchronized 块或者 synchronized 方法就可以标志一个监视区域。

Java 中没有显式释放同步监视器的语句，线程可以通过以下方式释放锁定：
- 当线程的同步方法、同步代码块执行结束，就可以释放同步监视器；
- 当线程在同步代码块、方法中遇到 break、return 语句终止代码的运行，也可释放同步监视器；
- 当线程在同步代码块、同步方法中遇到未处理的 Error、Exception，导致该代码结束也可释放同步监视器；
- 当线程在同步代码块、同步方法中，程序执行了同步监视器对象的 wait ()方法，导致方法暂停，释放同步监视器。

注意以下情况不会释放同步监视器：
- 当线程在执行同步代码块、同步方法时，程序调用了 Thread.sleep()/Thread.yield() 方法来暂停当前程序，当前程序不会释放同步监视器；
- 当线程在执行同步代码块、同步方法时，其他线程调用了该线程的 suspend 方法将该线程挂起，该线程不会释放同步监视器。注意尽量避免使用 suspend、resume。

6.2.3 实现线程安全的多线程模拟下载程序

本小节中，将使用同步机制修改 6.2.1 中的程序，实现线程安全的多线程模拟下载程序。
在 DownloadFrame 类中添加成员变量 lock，如下所示。

```java
public class DownloadFrame {
    protected Shell shell;
    private int CurrentPosition;
    private ProgressBar progressBar;
    private Label lblInfo;
    //同步监视器对象
    private Object lock;
    //以下省略
    ......
}
```

修改单击【开始下载】按钮处理程序，如下所示。

```java
btnBeginDownload.addSelectionListener(new SelectionAdapter() {
    @Override
    public void widgetSelected(SelectionEvent e) {
        lock = new Object();
        //以下不变，此处省略部分代码
        ......
    }
});
```

修改线程类 MyTask 中的 run（）方法，给涉及 CurrentPosition 变量的代码添加同步锁，代码如下，黑色字体为修改的部分。

第 6 章　Java 线程

```
public void run() {
    // TODO Auto-generated method stub
    for (int i = begin; i <= end; i++) {
        synchronized (lock) {

            downloadSize++;
            CurrentPosition++;
            if (CurrentPosition > 100)
                break;

            // 打印在当前运行的线程中，CurrentPosition 的值
            // Thread.currentThread().getId()获取线程 ID，
            //用以区分不同的线程
            System.out.println(Thread.currentThread().getId()
                + "-->"+ CurrentPosition + "\tdownloaded:"
                + downloadSize);
            // 更新进度条的值
            //以下省略部分代码
            ......
        }
        try {
            Thread.sleep(100); // 等待 0.1 秒
        } catch (InterruptedException e1) {
            // TODO Auto-generated catch block
            e1.printStackTrace();
        }
    }
}
```

运行程序，结果如图 6.8、图 6.9 所示，可见，加入了 lock 对象锁之后，两个并发的下载线程在访问共享资源 CurrentPosition 时，实现了串行化执行，程序运行结果正常。同时，相比单个下载线程而言，启动两个下载线程后，程序运行时间也大为减少。

图 6.8　启动两个下载线程的运行结果

图 6.9　线程工作的部分信息

6.3 线程的协作

6.3.1 带有数据处理功能的模拟下载程序简介

在本节中,我们将给模拟下载程序添加一个新的功能,在数据下载的同时,对下载的数据做处理。程序的基本思路是:开辟一块缓冲区,用来临时存放下载的数据,两个下载线程将下载的数据存储到该缓冲区,另外再设计一个数据处理线程,读取缓冲区的内容,进行处理,然后清空缓冲区。为了简化设计,我们将要下载的资源划分为 100 个区块,每个下载线程每次下载一个区块,数据处理线程也是按区块读取。程序界面不变,我们使用控制台输出程序运行的详细信息,如图 6.10 所示。注意,这里的截图信息仅供参考,因为线程运行的随机性,所以输出结果每次都不会完全一样。

```
8-->下载了数据块1              9-->下载了数据块95
10-->处理了数据块1             10-->处理了数据块95
9-->下载了数据块51             8-->下载了数据块46
10-->处理了数据块51            10-->处理了数据块46
8-->下载了数据块2              9-->下载了数据块96
10-->处理了数据块2             10-->处理了数据块96
9-->下载了数据块52             8-->下载了数据块47
10-->处理了数据块52            10-->处理了数据块47
8-->下载了数据块3              9-->下载了数据块97
10-->处理了数据块3             10-->处理了数据块97
9-->下载了数据块53             8-->下载了数据块48
10-->处理了数据块53            10-->处理了数据块48
8-->下载了数据块4              9-->下载了数据块98
10-->处理了数据块4             10-->处理了数据块98
9-->下载了数据块54             8-->下载了数据块49
10-->处理了数据块54            10-->处理了数据块49
8-->下载了数据块5              9-->下载了数据块99
10-->处理了数据块5             8-->下载了数据块50
9-->下载了数据块55             10-->处理了数据块50
10-->处理了数据块55            9-->下载了数据块100
8-->下载了数据块6              10-->处理了数据块100
10-->处理了数据块6             ----共处理了100块数据----
9-->下载了数据块56
              ....
```

图 6.10 带数据处理功能的模拟下载程序运行效果

6.3.2 带有数据处理功能的模拟下载程序的实现

1. 定义相关数据类型

为了实现数据的处理功能,首先需要定义一个下载数据块的类型(DownloadData),用以描述下载数据块的信息,代码如下。

```java
class DownloadData {
    // 数据块索引序号,1-100;
    private int index;
    //数据块的信息,这里简化为一个整数
    private int value;

    //构造器方法
    public DownloadData(int index, int value) {
        this.index = index;
        this.value = value;
    }
```

```java
//index 的 get 方法
public int getIndex() {
    return index;
}
//value 的 get 方法
public int getValue() {
    return value;
}
}
```
在此基础上,定义数据缓冲区类(BufferData),该缓冲区的大小可以定义,代码如下。
```java
public class BufferData {
    //缓冲区的大小
    private int maxSize;
    //在 ArrayList 中保存下载数据
    private ArrayList<DownloadData> buffer;

    //构造器方法
    public BufferData(int maxSize) {
        this.maxSize=maxSize;
        buffer=new ArrayList<DownloadData>();
    }
    //判断缓冲区是否为空
    public boolean isNull() {
        return !(buffer.size()>0);
    }
    //判断缓冲区是否已满
    public boolean isFull() {
        return !(buffer.size()<maxSize);
    }
    //向缓冲区中添加下载数据
    public void addDownloadData(DownloadData data) {
        buffer.add(data);
    }
    //获取缓冲区中的所有数据
    public ArrayList<DownloadData> getBuffer(){
        return buffer;
    }
    //清空缓冲区
    public void clearBuffer(){
        buffer.clear();
    }

}
```

2. 修改 DownloadFrame 类

程序中下载线程和数据处理线程都需要访问数据缓冲区,因此,需要定义数据缓存对象,代码如黑体部分所示。

```java
public class DownloadFrame {

    protected Shell shell;
```

```
        private int CurrentPosition;
        private ProgressBar progressBar;
        private Label lblInfo;
        // 同步监视器对象
        //private Object lock;
        // 定义数据库缓存对象
        private BufferData buf;

        //以下省略
        .......
}
```

3. 修改下载线程 MyTask 类

修改下载线程 MyTask 中的 run()方法,模拟下载一个数据块完成后,向缓冲区中加入下载数据,数据块的序号为 i,数据值为 1。代码如下。

```
public void run() {
        // TODO Auto-generated method stub
        for (int i = begin; i <= end; i++) {
            synchronized (lock) {
                buf.addDownloadData(new DownloadData(i, 1));
                downloadSize++;
                CurrentPosition++;
                if (CurrentPosition > 100)
                    break;
                /* System.out.println("当前缓存数据量为: "
                        +buf.getBuffer().size());*/
                System.out.println(Thread.currentThread().getId()
                        + "-->下载了数据块" + i);

                // 更新进度条的值,省略
                ......
            }
            try {
                // 等待 0.03 秒,修改等待时间会观察到不同的运行结果
                Thread.sleep(30);
            } catch (InterruptedException e1) {
                // TODO Auto-generated catch block
                e1.printStackTrace();
            }
        }
}
```

4. 创建数据处理线程 ProcessData 类

如果该线程获取了 lock 的锁,则将数据缓冲区的所有数据读出来,并将相关信息输出到控制台上,然后清空缓冲区的数据,代码如下。

```
class ProcessData implements Runnable {

    @Override
    public void run() {
        // TODO Auto-generated method stub
```

```java
        //记录处理的数据块数目
        int processCount=0;
        for (while(true)) {
            synchronized (lock) {
                //循环读取缓冲区的数据
                for (DownloadData dd : buf.getBuffer()){
                    System.out.println(Thread.currentThread().getId()
                        + "-->处理了数据块" + dd.getIndex());
                    processCount++;
                    if(processCount>=100)
                        break;
                }
                //清空缓冲区
                buf.clearBuffer();
            }
            try {
                //程序休眠 30 毫秒,模拟数据处理的时间
                Thread.sleep(100);//修改时间,会带来不一样的结果
            } catch (InterruptedException e) {
                // TODO Auto-generated catch block
                e.printStackTrace();
            }

        }
        //输出总共处理的数据块数
        System.out.println("----共处理了" + processCount+ "块数据----");
    }

}
```

5. 修改【开始下载】按钮处理程序

修改下载处理程序,如下所示。

```java
btnBeginDownload.addSelectionListener(new SelectionAdapter() {
    @Override
    public void widgetSelected(SelectionEvent e) {
        //lock = new Object();
        //实例化数据缓冲区对象
        buf = new BufferData(3);
        CurrentPosition = 0;
        lblInfo.setText("开始下载....");
        b = new Date().getTime();
        Thread wt1 = new Thread(new MyTask(1, 100));
        Thread wt2 = new Thread(new MyTask(51, 100));
        Thread wt3 = new Thread(new ProcessData());
        wt1.start();
        wt2.start();
        //启动数据处理线程
        wt3.start();

    }
});
```

6. 运行

运行程序，单击【开始下载】按钮，程序运行结果如图 6.11 所示。

```
8--->下载了数据块1              10--->处理了数据块29
10--->处理了数据块1             9--->下载了数据块80
9--->下载了数据块51            8--->下载了数据块30
10--->处理了数据块51           10--->处理了数据块80
9--->下载了数据块52            10--->处理了数据块30
8--->下载了数据块2              9--->下载了数据块81
10--->处理了数据块52           8--->下载了数据块31
10--->处理了数据块2             ----共处理了60块数据----
8--->下载了数据块3              9--->下载了数据块82
9--->下载了数据块53            8--->下载了数据块32
10--->处理了数据块3             9--->下载了数据块83
10--->处理了数据块53           8--->下载了数据块33
8--->下载了数据块4              9--->下载了数据块84
9--->下载了数据块54            8--->下载了数据块34
10--->处理了数据块4             9--->下载了数据块85
10--->处理了数据块54           8--->下载了数据块36
8--->下载了数据块5              9--->下载了数据块86
9--->下载了数据块55            8--->下载了数据块37
10--->处理了数据块5             9--->下载了数据块87
10--->处理了数据块55           9--->下载了数据块88
9--->下载了数据块56            8--->下载了数据块38
8--->下载了数据块6              9--->下载了数据块89
10--->处理了数据块56           ...
```

图 6.11 程序运行结果

修改下载线程与数据处理线程中的等待时间，发现有时缓冲区的数据会超过 maxSize，这显然不合理。因此，需要引入一种机制，使下载线程与数据处理线程协作工作。

解决这个问题的办法就是要给这 3 个线程的运行加上约束的条件。

● 当数据缓冲区未满时，下载线程才能向其中添加数据；否则，下载线程进入等待状态。

● 当数据缓冲区不为空时，数据处理线程才能读取数据，进行处理；否则，数据处理线程转入等待状态。

那么，线程如何转入等待状态？在等待状态后，如何被唤醒，重新运行？这些就需要依赖于线程的协作了。

6.3.3 线程的协作机制

在 Java 中，使用 wait()与 notify()/notifyAll()能方便地实现多个线程之间彼此协作。

1. wait 方法

wait 方法属于 Object 类的方法，作用是使得当前调用 wait 方法所在部分（代码块）的线程停止执行，并释放当前获得的调用 wait 所在的代码块的锁，并在其他线程调用 notify 或者 notifyAll 方法时恢复到竞争锁状态（一旦获得锁就恢复执行）。有以下 3 种重载方法的形式：

```
public final void wait()    throws InterruptedException
public final void wait(long timeout)    throws InterruptedException
public final void wait(long timeout, int nanos)    throws InterruptedException
```

此方法导致当前线程（称之为 T）将其自身放置在对象的等待集中，然后放弃此对象上的所有同步要求。出于线程调度目的，线程 T 被禁用，且处于休眠状态，直到发生以下 4 种情况之一。
- 其他某个线程调用此对象的 notify 方法，并且线程 T 碰巧被选为被唤醒的线程。
- 其他某个线程调用此对象的 notifyAll 方法。
- 其他某个线程中断线程 T。
- 已经到达指定的实际时间。但是，如果 timeout 为零，则不考虑实际时间，该线程将一直等待，直到获得通知。适合后两种形式的 wait()方法。

线程 T 被唤醒后，将以常规方式与其他线程竞争监视器对象的控制权，一旦获得对该对象的控制权，线程将回到它调用 wait()方法的地方，继续执行。

在没有被通知、中断或超时的情况下，线程有时会被一个所谓的虚假唤醒（spurious wakeup）所唤醒。虽然这种情况在实践中很少发生，但是应用程序必须通过以下方式防止其发生，即对应导致该线程被提醒的条件进行测试，如果不满足该条件，则继续等待。换句话说，等待应总是发生在循环中，如下面的示例：

```
synchronized (obj) {
    while (<condition does not hold>)
        obj.wait(timeout);
    ... // 满足条件后的操作
}
```

如果当前线程在等待时被其他线程中断，则会抛出 InterruptedException。在按上述形式恢复此对象的锁定状态时才会抛出此异常。

参数：
timeout：要等待的最长时间（以毫秒为单位）。
nanos：额外时间（以毫微秒为单位，范围是 0-999999）。
抛出：
IllegalArgumentException：如果超时值为负。
IllegalMonitorStateException：如果当前的线程不是此对象监视器的所有者。
InterruptedException：如果在当前线程等待通知之前或者正在等待通知时，另一个线程中断了当前线程。在抛出此异常时，当前线程的中断状态被清除。

调用 wait()方法需要注意几点。
- wait 被调用的时候必须在拥有锁（即 synchronized 修饰的）的代码块中。
- 线程恢复执行后，从 wait 的下一条语句开始执行，因而 wait 方法总是应当在 while 循环中调用，以免出现恢复执行后继续执行的条件不满足却继续执行的情况。
- 若 wait 方法参数中带时间，则除了 notify 和 notifyAll 被调用能激活处于 wait 状态（等待状态）的线程进入锁竞争外，在其他线程中 interrupt 它或者参数时间到了之后，该线程也将被激活到竞争状态。
- wait 方法被调用的线程必须获得之前执行到 wait 时释放掉的锁重新获得才能够恢复执行。

2. notify 方法

notify 方法属于 Object 类的方法，作用是通知调用了 wait 方法，但是尚未激活的一个线程进入线程调度队列（即进入锁竞争），注意不是立即执行。并且具体是哪一个线程不能保证。方法的形式如下。

public final void notify()

唤醒在此对象监视器上等待的单个线程。如果所有线程都在此对象上等待，则会选择唤醒其中一个线程。选择是任意性的，并在对实现做出决定时发生。此方法只应由作为此对象监视器的所有者的线程来调用。

抛出：

IllegalMonitorStateException：如果当前的线程不是此对象监视器的所有者。

3. notifyAll 方法

notifyAll 方法属于 Object 类的方法，作用是唤醒所有调用了 wait 方法，尚未激活的进程进入竞争队列。方法的形式如下。

public final void notifyAll()

此方法只应由作为此对象监视器的所有者的线程来调用。

抛出：

IllegalMonitorStateException：如果当前的线程不是此对象监视器的所有者。

在使用时需注意以下几点。

- 一般在明确知道等待区内只有一个等待线程的时候，才应该使用 notify，否则就应该使用 notifyAll，让 JVM 采用相应的调度策略来决定选择哪个等待该对象锁的线程被唤起。这样就可由 JVM 来保证避免某个线程无限制等待的饥饿现象，而不需要用户来关注；
- 被唤醒的这个线程一定是在等待 wait 所释放的锁。
- wait 和 notify 方法必须工作于 synchronized 内部，且这两个方法只能由锁对象来调用。

6.3.4 加入协作机制后的程序实现

1．修改下载线程

修改下载线程 run()方法中的代码，如果缓冲区已经满了，则线程转入等待状态，否则，将数据加入缓冲区，并通知其他等候的线程，同时释放锁。代码如下。

```
public void run() {
    // TODO Auto-generated method stub
    for (int i = begin; i <= end; i++) {
        synchronized (lock) {
            //如果缓冲区满，则转入等待
            while (buff.isFull()) {
                try {
                    lock.wait();
                } catch (InterruptedException e) {
                    // TODO Auto-generated catch block
                    e.printStackTrace();
                }
```

```java
            }
            buf.addDownloadData(new DownloadData(i, 1));
            downloadSize++;
            CurrentPosition++;
            if (CurrentPosition > 100)
                break;
            System.out.println(Thread.currentThread().getId()
                    + "-->下载了数据块" + i);
            //通知其他等候线程
            lock.notifyAll();

            // 更新进度条的值，省略......

        }
        try {
            Thread.sleep(100); // 等待 0.1 秒
        } catch (InterruptedException e1) {
            // TODO Auto-generated catch block
            e1.printStackTrace();
        }
    }
}
```

2．修改数据处理线程

修改数据处理线程 run()方法中的代码，如果缓冲区为空，则线程转入等待状态，否则，将取出数据，清空缓冲区，并通知其他等候的线程，同时释放锁。代码如下。

```java
class ProcessData implements Runnable {

    @Override
    public void run() {
        // TODO Auto-generated method stub
        int processCount=0;
        while(rue) {
            synchronized (lock) {
                //如果缓冲区为空，则转入等待
                while (buf.isNull()) {
                    try {
                        lock.wait();
                    } catch (InterruptedException e) {
                        // TODO Auto-generated catch block
                        e.printStackTrace();
                    }
                }
                //读出缓冲区数据
                for (DownloadData dd : buf.getBuffer()){
                    System.out.println(Thread.currentThread().getId()
                            + "-->处理了数据块" + dd.getIndex());
                    processCount++;
                    if(processCount>=0)
                        break;
```

```
            }
            //清空缓冲区
            buf.clearBuffer();
            //通知其他等候线程
            lock.notifyAll();
        }
        try {
            Thread.sleep(30);
        } catch (InterruptedException e) {
            // TODO Auto-generated catch block
            e.printStackTrace();
        }

    }
    System.out.println("----共处理了" + processCount+ "块数据----");

}
```

3．运行程序

运行程序，结果如图 6.12 所示，达到程序的要求。

```
8-->下载了数据块48
10-->处理了数据块48
9-->下载了数据块99
10-->处理了数据块99
8-->下载了数据块49
10-->处理了数据块49
9-->下载了数据块100
10-->处理了数据块100
8-->下载了数据块50
10-->处理了数据块50
----共处理了100块数据----
```

图 6.12　添加协作机制后的程序运行结果

6.4 实战演练

（1）上网搜集资料，自学"生产者—消费者模式"，并将相关资料制作成 PPT。

（2）编程模拟下面的情形：有一个盘子，盘子里只能放一个鸡蛋，A 线程专门往盘子里放鸡蛋，如果盘子里有鸡蛋，则一直等到盘子里没鸡蛋；B 线程专门从盘子里取鸡蛋，如果盘子里没鸡蛋，则一直等到盘子里有鸡蛋。

第 7 章 网络编程

本章要点

- 网络编程的基本概念；
- TCP 协议的 Socket 编程；
- UDP 协议的 Socket 编程；
- 网络编程中多线程机制的运用。

7.1 网络编程的基本知识

一般来说，要进行 Internet 通信编程，程序员必须掌握与网络有关的大量细节。

其实，联网本身的概念并不是很难。联网的目的是我们想获得位于其他地方某台机器上的信息，并把它们移到本地，或者相反。这与我们学过的文件读写非常相似，只是文件存在于远程机器上，并且远程机器有权决定如何处理我们请求或发送的数据。

Java 最出色的一个地方就是它对网络通信编程提供了强大的支持。有关联网的基本细节已被尽可能地提取出去，并隐藏在 JVM 以及 Java 的本机安装系统里进行控制。对程序员而言，我们看到的编程模型是一个文件的模型。事实上，网络连接（即一个"套接字"）已被封装到系统类里，所以，我们可以像使用其他系统类一样来使用。一旦建立了网络连接，我们就可以采用我们前面所用到的 IO 流来进行相关操作。

7.1.1 网络协议

Internet 上互相通信的计算机采用的协议是 TCP 协议或者 UDP 协议，它们的结构类似于图 7.1 所示模型。

应 用 层 （HTTP FTP TELNET...）
传 输 层 （TCP UDP...）
网 络 层 （IP...）
数 据 链 路 层

图 7.1 Internet 网络协议模型

在 Java 中编写网络程序时，我们通常只需要关心应用层，而不用关心传输层。但是，我们必须理解 TCP 和 UDP 之间的不同，以决定程序中应使用哪一个 Java 类来进行网络连接。

TCP 是传输控制协议，也称为"基于数据流的套接字"，根据该协议的设计宗旨，它具有高度的可靠性，而且能保证数据顺利到达目的地。换言之，它允许重传那些由于各种原因半路"走失"的数据。而且收到字节的顺序与它们发出的顺序是一样的。TCP 的高可靠性需要付出的代价是：高开销（需要有很多的信息用于控制信息）。

而 UDP 称为用户数据报协议，它并不刻意追求数据报会完全发送出去，也不能担保抵达的顺序与它们发出时一样。因此，UDP 被认为是一种不可靠协议。但是，它的速度快，对于某些应用来说（例如声音），如果速度比质量更重要，就可以采用 UDP 协议。大多数互联网游戏也是采用 UDP 协议。

7.1.2 机器标识

为了分辨出网络上的每一台机器，必须有一种机制能独一无二地标识出网络内的每台机器。这可以通过 IP 地址来实现。IP 地址以两种形式存在：直接 IP 地址（如 10.1.2.5）或者域名（http://www.szpt.net）。

7.1.3 服务器和客户机

网络最基本的精神是让两台计算机连接在一起，并相互"沟通"。一旦两台计算机发现了对方，就可以开始沟通，但它们怎样才能"发现"对方呢？

两台计算机要发现对方，通常需要其中一台扮演"服务器"的角色，另一台扮演"客户机"的角色。

客户机用来发出连接请求，而服务器用来等待连接请求。

客户机发出连接请求到服务器（通过 IP 地址），请求信息在网络上传输，当服务器在接到连接请求并确认后，建立与客户机的连接。

一旦连接建立好，服务器和客户机之间就变成了一种双向通信，那么无论是对服务器端还是对客户机端来说，连接就变成了一个 IO 数据流对象。从这是开始，我们就可以像读写一个普通的文件一样来对待连接。

7.1.4 端口

有些时候，一个 IP 地址并不足以完整标识一个服务器。这是由于在一台计算机中，往往运行着多个服务器（即不同的网络应用程序）。为了标识是哪个服务器，就需要用到一个端口。例如，通常来说 HTTP 采用的是 80 端口，FTP 采用的是 21 端口。

端口并不是机器上一个物理上存在的场所，而是一种软件抽象（主要是为了表达的方便）。客户程序知道如何通过机器的 IP 地址同服务器连接，但怎样才能同自己真正需要的那种服务连接呢（一般每个端口都运行着一种服务，一台机器可能提供了多种服务，例如 HTTP、FTP）？端口在这里扮演了重要的角色，它是必需的一种二级定址措施。也就是说，我们请求一个特定的端口，就是请求与那个端口编号关联的服务。

系统保留了使用端口 1 到端口 1024 的权利，所以，在我们设计网络通信程序时，一般不应占用这些端口。

7.1.5 套接字

Socket 套接字也是一种软件形式的抽象。用于表达两台机器间一个连接的"通道"。针对一个特定的连接，每台机器上都有一个"套接字"，通过"套接字"，两台机器之间就形成了一条"虚拟"的通道。

7.2 基于 TCP 协议的简单聊天系统

在本节里我们就使用 Java 提供的网络编程包，来实现如图 7.2 所示的基于 TCP 协议的简单聊天系统。

7.2.1 Java 的网络编程类

JDK 提供了 1 个 java.net 包，在该包中，主要包含如下几个类。

1. Java 中 IP 地址的表示（InetAddress 类）

java.net 包中提供了一个 InetAddress 类，该类用于表示一个 IP 地址。它常用的方法有：

（1）public static InetAddress getByName(String host) 返回字符串 host 所表示的 IP 地址。

（2）public static InetAddress getLocalHost() 返回本机 IP 地址（如果你的机器设置了 IP 地址，则返回你自己的 IP，否则返回默认的 IP 地址：127.0.0.1）。

2. 服务器端口打开（ServerSocket 类）

ServerSocket 类用于在服务器端打开某一个端口，等待客户端的连接请求，它常用的方法有：

（1）构造器方法 public ServerSocket(int port) 用于打开服务器 port 端口。

（2）public Socket accept() 用于等待客户连接，当连接成功时，形成一个套接字对象。

（3）public void close() 关闭用户连接。

3. 套接字建立（Socket 类）

Socket 类用于套接字的建立。它常用的方法如下。

（1）构造器方法 public Socket(InetAddress address, int port) 用于客户端与指定的服务器 IP 地址及服务器端口进行套接字连接。

（2）public void close() 关闭用户连接。

（3）public InputStream getInputStream() 从套接字返回一个输入流。

（4）public OutputStream getOutputStream() 从套接字返回一个输出流。

7.2.2 服务器和客户端的连接过程

1. 服务器等待连接的过程

服务器的工作就是侦听来自客户机的连接请求并建立连接。因此，对于服务器端来说，网络编程的步骤如下。

（1）创建 ServerSocket 对象：ServerSocket server=new ServerSocket(PORT)，其中，PORT 是指服务器打开哪个端口来等待和建立连接。

（2）等待连接：Socket socket=server.accept()，连接形成是以套接字来表示的，一旦连接成功，就会在服务器—客户机之间形成一个套接字。

（3）一旦连接建立好（即服务器—客户机套接字建立），我们就可以使用 Socket 类提供的两个方法 getInputStream()和 getOutputStream()来作为输入输出设备，实现服务器与客户机之间的信息交互。

2. 客户机连接服务器的过程

客户机的工作就是要向服务器发出连接请求并建立连接。对客户机来说，它需要给出要连接的服务器的 IP 地址（以便找到该服务器）以及服务器的端口号（以便找到需要连接的服务）。至于客户机到底用哪个端口与服务器的端口建立连接，是客户机上的 Java 系统来决定的。

因此，对于客户机来说，网络编程的步骤如下。

（1）创建 InetAddress 对象，指定服务器的 IP 地址：InetAddress addr=InetAddress.getByName（服务器的 IP 地址）。

（2）创建与服务器的指定端口的连接：Socket socket=new Socket(addr,PORT)。

7.2.3 简单聊天系统

1. 服务器端功能

如图 7.2 所示，服务器端应用程序启动后，当监听端口，并单击"开始监听"键后，系统就等待客户连接；当有客户来进行连接并连接成功时，系统就能从连接的端口读入客户发送过来的信息（只能读一次），并将其显示。

2. 客户端功能

如图 7.3 所示，客户器端启动后，输入指定的服务器 IP 地址和端口号，单击"连接服务器"按钮，系统与指定的服务器及端口进行连接。当连接成功后，客户将本身 IP 地址发送到服务器端。

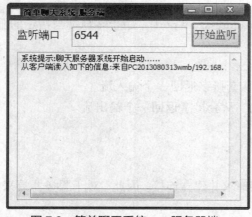

图 7.2 简单聊天系统——服务器端

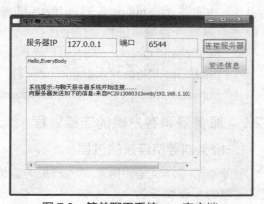

图 7.3 简单聊天系统——客户端

3. 创建工程

分别创建服务器端工程和客户端工程。

(1) 创建服务器端工程 singleServer。

(2) 创建客户端工程 singleClient。

4. 服务器端功能的实现

(1) 创建程序结构

在 singleServer 工程下,新创建一个 Application Window,命名为 ServerApp。

(2) 系统界面设计

创建如图 7.2 所示的界面效果。其中,监听端口输入框命名为 textPort,信息显示区命名为 textInformation。

(3) 成员变量定义

由于需要进行网络连接,在连接成功后,将建立输入输出流,所以,首先必须引入如下的两个包:

```java
import java.net.*;    //引入网络包,以实现套接字连接
import java.io.*;     //引入输入输出流包,以进行数据的读写
```

并建立相关成员变量:

```java
ServerSocket server=null;    //server 成员变量的作用是用来打开服务器的端口
Socket socket=null;          //socket 成员变量的作用是用来与客户端建立套接字连接
BufferedReader cin=null;     //cin 成员变量的作用是用来建立输入流
PrintStream cout=null;       // cout 成员变量的作用是用来建立输出流
```

(4)【开始监听】功能实现

在按下【开始监听】按钮后,服务器端就开始监听端口,其过程如 7.2.2 节所述。因此,其对应的实现代码如下。

```java
        try {
            //打开服务器端口
server = new ServerSocket(Integer.parseInt(textPort.getText()));
//添加提示信息
textInformation.append("系统提示:聊天服务器系统开始启动...... \n");
        } catch (IOException e1) {    //捕捉打开端口时可能产生的异常
textInformation.append("服务器端口打开出错\n");
        }
        if (server != null) {    //如果端口打开成功
            try {
                //等待客户连接
                socket = server.accept();
            }catch (IOException e2) {    //捕捉等待客户连接时可能产生的异常
                textInformation.append("用户连接服务器出错\n");
            }
            try {
                /*,连接成功,则创建输入设备为套接字的输入流
                由于需要进行中文的信息的收发,因此需要将输入流转换*/
                cin=new BufferedReader(new InputStreamReader
                    (socket.getInputStream()));
                //创建输出流,输出设备为套接字的输出流
```

```
                cout = new PrintStream(socket.getOutputStream());
                //从输入流读入客户端发送的信息
                String str = cin.readLine();        //语句 1
                //将读入的信息进行显示
                textInformation.append("从客户端读入如下的信息:"+str+"\n");   //语句 2
            }catch(IOException e3) {    //捕捉可能产生的输入输出异常
                textInformation.append("输入输出异常\n");
            }
        }
    }
```

5. 客户端功能的实现

（1）创建程序结构

在 singleClient 工程下，创建一个 Application Window，命名为 ClientApp。

（2）系统界面设计

创建如图 7.3 所示的界面效果。其中，服务器 IP 地址端口输入框命名为 ipAddress，端口输入框命名为 textPort，聊天信息发送框命名为 textSendMessage，信息显示区命名为 textInformation。

（3）成员变量定义

由于需要进行网络连接，在连接成功后，将建立输入输出流，所以，首先必须引入如下的两个包：

```
import java.net.*;    //引入网络包，以实现套接字连接
import java.io.*;     //引入输入输出流包，以进行数据的读写
```

并建立相关成员变量：

```
Socket socket=null;   //socket 成员变量的作用是用来与服务器端建立套接字连接
BufferedReader cin=null;  /cin 成员变量的作用是用来建立输入流
PrintStream cout=null;    // cout 成员变量的作用是用来建立输出流
```

（4）【连接服务器】功能实现

在按下【连接服务器】按钮后，客户端就开始与指定服务器（通过 IP 地址和端口号）尝试连接，其过程如 7.2.2 节所述。因此，其对应的实现代码如下。

```
        try {
            //获得服务器 IP
            InetAddress ip=InetAddress.getByName(ipAddress.getText());
            //获得服务器端口
            int port=Integer.parseInt(textPort.getText());
            //尝试与服务器进行连接，建立套接字
            socket= new Socket(ip,port);
            textInformation.append("系统提示:与聊天服务器系统开始连接...... \n");
        } catch (IOException e1) {    //捕捉套接字建立时可能产生的异常
            textInformation.append("服务器端口打开出错\n");
        }
        if (socket != null) {   //套接字建立成功
try {
cin=new BufferedReader(new InputStreamReader(socket.getInputStream()));
cout = new PrintStream(socket.getOutputStream());
//构建发送信息
String str = "来自"+InetAddress.getLocalHost().toString()+"的连接信息";
```

```
//将信息发送到服务器
cout.println(str);
textInformation.append("向服务器发送如下的信息:"+str+"\n");
}catch(IOException e3) {     //捕捉可能产生的异常
textInformation.append("输入输出异常\n");
}
}
```

（5）【发送信息】功能实现

在按下【发送信息】按钮后，客户端能将用户输入的信息发送到客户端，其代码如下。

```
String str=textSendMessage.getText();
textInformation.append("向服务器发送如下的信息:"+str+"\n");
cout.println(str);
```

6．存在的问题

现在我们运行这两个工程，先启动服务器端【开始监听】按钮，在启动客户端【连接服务器】按钮，这时，我们可以得到如图 7.2 和图 7.3 所示的效果。

但是，当我们按下客户端【发送信息】按钮时，我们会发现，要发送的信息只在客户端显示，在服务器端却并没有显示。原因分析如下。

（1）服务器接收客户端发送来的信息

从服务器端的工作原理来看，其"收信息"的程序段只运行了一次。因此，对客户端再发过来的信息，服务器并没有做任何处理。

所以，要实现不停地接收客户发送过来的信息，则需要服务器端的收发程序段重复执行。

假定我们进行 10 次信息的接收，我们可以对服务器端的语句 1 和语句 2 添加循环：

```
for(int i=0;i<10;i++){
    String str = cin.readLine();
    textInformation.append("从客户端读入如下的信息:"+str+"\n");
}
```

此时，我们再运行程序时，当在客户端输入 9 条信息后，在服务器端能显示客户端发送过来的 10 条信息（含连接时发送的 IP 地址信息）。

（2）假死问题

在运行时，大家会发现，如果客户端发送的信息未达到 9 次时，服务器端处于"假死"状态，这是为什么呢？

由于在服务器端的接收信息程序段中，在运行到 cin.readLine()语句时，系统则会从套接字端口读入信息，此时，如果没有信息到达，则程序处于"假死"状态，直到读入信息后，程序才继续往下执行。

因此，如果客户端发送的信息未达到 for 循环所指定的条数，则系统会停留在此程序端等待数据的输入。

而在实际的系统中，客户发送的信息条数是不可知的，因此，为实现多条信息的接收，则需要将 for 循环替换成 while(true)的"永真"循环。

这样，服务器端就将处于永远的"假死"状态。

7.2.4 多线程的运用

上节中出现假死的原因就是因为 CPU 资源独占的缘故。如果我们能够将造成"假死"的那段代码采用多线程机制来进行,那么就可以让服务器不停读套接字端口的同时,原来的程序照预定方式继续运行。

针对 7.2.3 节的简单聊天系统,我们希望服务器端能多次接收客户端发送的信息,直到接收到"QUIT"信息才终止连接。

我们就可以采用线程的机制来实现。

1. 添加实现信息接收功能的线程类

在 singleServer 工程的 ServerApp 类中,添加一个内部类,该内部类的作用是自定义线程类,主要实现服务器端对客户端信息的多次接收。其中,加黑部分的代码是要实现任意多次信息接收的死循环,我们将其放在线程的 run()方法中,通过多线程的运行机制,解决了程序假死的现象,在 Swt 中,不能在线程中直接更新界面中组件,必须通过异步的方式更新,其中 appendInformation(String str)方法的作用是采用异步方式更新界面。

```java
class ReadMessageThread extends Thread{
    /*覆盖 Thread 类的 run 方法,在该方法中,循环从端口读入信息,
    直到读入"QUIT",则关闭套接字*/
    public void appendInformation(String str){
        final String str1 = str;
        Display.getDefault().syncExec(new Runnable() {
            public void run(){
                textInformation.append(str1);
            }
        });
    }
    public void run(){
        String str="";
        while(true){
            try{
                str = cin.readLine();   //读入信息
            }catch (IOException e){
                this.appendInformation ("输入输出异常\n");
            }
            if (str.equals("QUIT")){   //若为"QUIT",则关闭套接字,跳出循环
                try{
                    socket.close();
                    this.appendInformation ("用户连接已关闭\n");
                }catch (IOException e){
                    this.appendInformation ("套接字关闭异常\n");
                }
                break;
            } else    //不是 QUIT 信息,则将读入的信息进行显示
                this.appendInformation("从客户端读入如下的信息:"+str+"\n");
        }
    }
}
```

2. 修改服务器端【开始监听】按钮事件处理

对 7.2.3 节中服务器端的【开始监听】按钮的事件处理做修改,将实现收发功能的代码用线程对象来实现(加黑代码的为修改部分)。

原代码:

```
String str = cin.readLine();
textInformation.append("从客户端读入如下的信息:"+str+"\n");
```

新修改代码:

```
/*自定义线程对象*/
ReadMessageThread readThread=new ReadMessageThread();
/*通过 start 方法,让线程进入可运行状态*/
readThread.start();
```

此时,我们再来运行简单聊天室的服务器端工程和客户端工程,则会发现,客户端每次发送的信息能在服务器端实时显示出来。

7.2.5 实战演练

在 7.2.4 节中,我们已经实现服务器端不停地接收信息,请对服务器端工程和客户端工程做修改,实现如下功能。

(1)服务器在接收到来自客户端的非退出信息时,发送一条"服务器已接收到你发来的信息:××"信息到客户端。

(2)服务器在接收到来自客户端的退出信息时,发送一条"QUIT"信息到客户端,并关闭连接。

(3)客户端能实时接收服务器发送的信息,当接收到"QUIT"信息时,关闭连接。

(4)如果对 7.2.4 节中的自定义线程类要求以外部类的形式存在,请完成该对程序的修改。

7.3 基于 TCP 协议的多客户—服务器信息交互系统

在 7.2 节中,我们已实现了一个客户与服务器之间的信息交流。如果要实现多个客户与服务器之间的信息交流,那又该如何实现呢?

7.3.1 实现多客户连接的原理

7.2 节中之所以只能实现一个客户的连接,是因为服务器端的套接字打开后,只允许了一个客户的连接(serverSocket.accept()只被运行了 1 次)。要实现多个客户的连接,最显然的方式是让"等待连接—连接建立—接收信息"程序段重复运行。

因此,我们就可以考虑采用多线程的机制来实现。

7.3.2 服务器端客户连接线程

由于针对多用户连接,每个用户与服务器之间都必须形成一条自己的"通道",以进行信息的"收发"。

因此,在服务器的客户连接线程中,必须建立服务器与每个客户的套接字。在套接字建立后,通过创建收发信息线程,在收发信息线程中实现信息的接收与发送。

```java
class ConnectSocket extends Thread{
    public void run(){ //将多用户连接过程在 run 方法中实现
        while(true){ //多个客户连接循环
            try{
                socket = server.accept(); //等待客户连接
            }catch (IOException e){
                textInformation.append("用户连接服务器出错\n");
            }
            if (socket!=null){
                //创建收发信息线程对象
                ReadMessageThread readThread=new ReadMessageThread(socket);
                //激活线程
                readThread.start();
            }
        }
    }
}
```

7.3.3 服务器端收发信息线程

由于涉及多个用户与服务器的信息收发，因此，在服务器与每个客户建立起客户—服务器连接通道后，在进行收发信息过程中，需要标识服务器与每个用户之间的信息通道。

要标识信息收发通道，就至少需要套接字、输入流、输出流这 3 个对象。因此，需要对 7.2 节中的收发信息线程 ReadMessageThread 类做如下更改。

```java
class ReadMessageThread extends Thread{
    /*覆盖 Thread 类的 run 方法，在该方法中，循环从端口读入信息，
    直到读入"QUIT"，则关闭套接字*/
    BufferedReader cin; //输入流成员变量
    PrintStream cout; //输出流成员变量
    Socket socket; //套接字成员变量
    public void appendInformation(String str){
        final String str1 = str;
        Display.getDefault().syncExec(new Runnable() {
            public void run(){
                textInformation.append(str1);
            }
        });
    }
    ReadMessageThread(Socket socket){
        this.socket=socket;
        try{
            cin=new BufferedReader(new InputStreamReader(
                this.socket.getInputStream()));
            cout = new PrintStream(this.socket.getOutputStream());
        }catch(IOException e){
            textInformation.append("输入输出流建立异常\n");
        }
    }
    public void run(){
        String str="";
```

```
            while(true){
                try{
                    str = cin.readLine(); //读入信息
                }catch (IOException e){
                    this.appendInformation("输入输出异常\n");
                }
        if (str.equals("QUIT")){ //若为"QUIT", 则关闭套接字, 跳出循环
            try{
                socket.close();
                this.appendInformation("用户连接已关闭\n");
                }catch (IOException e){
                this.appendInformation "套接字关闭异常\n");
                }
                break;
            } else //不是 QUIT 信息, 则将读入的信息进行显示
                this.appendInformation("从客户端读入如下的信息:"+str+"\n");
            }
        }
    }
}
```

7.3.4 服务器端【开始监听】功能实现

当我们按下【开始监听】按钮后,希望系统打开端口,等待用户连接。因此,其对应的代码如下。

```
try {//打开服务器端口
server = new ServerSocket(Integer.parseInt(ipAddress.getText()));
//添加提示信息
textInformation.append("系统提示:聊天服务器系统开始启动...... \n");
        } catch (IOException e1) {
//捕捉打开端口时可能产生的异常
textInformation.append("服务器端口打开出错\n");
}
    if (server != null) { //如果端口打开成功
//如果端口打开成功, 则创建等待客户连接的线程
        csocket =new ConnectSocket();
        csocket.start();
        }    // TODO Auto-generated Event stub widgetSelected()
    }
}
```

当然, 我们需要定义成员变量:
ConnectSocket csocket=null;

7.3.5 多客户—服务器信息交互系统

用我们新改造的服务器端工程, 配合 7.2.5 节实战演习中所改造的客户端工程, 我们可以实现服务器与多个客户的信息交互系统, 其运行效果如图 7.4、图 7.5、图 7.6 所示。

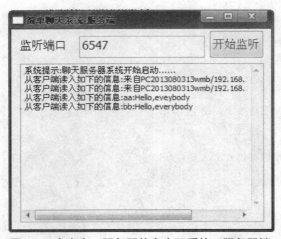
图 7.4 多客户—服务器信息交互系统—服务器端

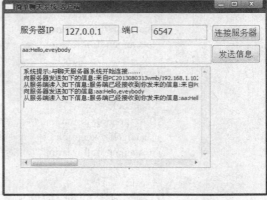
图 7.5 多客户—服务器信息交互系统—客户端 1

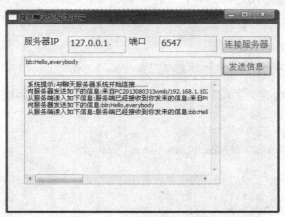
图 7.6 多客户—服务器信息交互系统—客户端 2

7.4 基于 TCP 协议的多客户信息广播系统

在 7.3 节中，我们实现了多个客户与服务器之间的信息交互。而在真正的系统应用中，我们往往需要实现客户之间的信息交互。

本节我们就来实现客户之间通过服务器进行信息广播的功能。如图 7.7、图 7.8、图 7.9 所示，kevin 发送信息到服务器，服务器将信息转发到所有与之连接的客户（kevin、Jack），通过这种形式，就可以实现客户之间的信息广播。

在技术上，我们已经实现了客户—服务器之间信息的交互。因此，要实现上述功能，其关键是如何约定双方的信息格式，让服务器根据接收的信息来进行不同的处理。

图 7.7 多客户信息广播系统—服务器端

图 7.8　多客户信息广播系统—客户端 1

图 7.9　多客户信息广播系统—客户端 2

7.4.1　客户—服务器之间需要传送的信息内容

1．对服务器来说，其可能接收到的信息有：

（1）客户请求服务器的连接信息；

（2）客户向服务器发送的聊天信息；

（3）客户向服务器发送的断开请求信息。

服务器在接收到上述信息后，应做不同的处理。

如果接收到的信息是客户连接信息，则需要提取客户的名称，并更新连接客户列表，并将连接客户列表广播到所有客户端。

如果接收到的信息是客户聊天信息，则需要将信息转发到每个客户端。

如果接收到的信息是断开连接信息，则需要发送同意断开连接信息到对应的客户端，并关闭对应的连接套接字，更新连接用户列表，并将连接客户列表广播到所有客户端。

2．对客户端来说，其可能接收到的信息有：

（1）服务器发送的连接客户列表信息；

（2）服务器发送的聊天信息；

（3）服务器发送的同意断开连接信息。

客户端在接收到上述信息后，应做不同的处理。

如果是连接客户列表信息，则将其显示在客户端的连接客户列表信息显示处。

如果是聊天信息，则将其显示在客户端的聊天信息显示处。

如果是同意断开信息，则关闭对应的连接套接字。

7.4.2　客户—服务器协议（信息格式）的约定

依据 7.4.1 节的分析可知，客户与服务器之间需要有如下的信息格式约定：

1. 客户向服务器发送连接请求的信息格式

PEOPLE：客户名称

其中，PEOPLE 是关键区分字，其后面紧跟客户名称，以分号分隔。

2. 客户向服务器发送的聊天信息的信息格式

MSG：客户名称：聊天信息

其中，MSG 是关键区分字，其后面紧跟客户的聊天信息，以分号分隔。

3. 客户向服务器发送的请求断开连接的信息格式

QUIT

其中，QUIT 是关键区分字。

4. 服务器向客户端发送的连接客户列表的信息格式

PEOPLE：客户名称 1：客户名称 2：…：客户名称 n

其中，PEOPLE 是关键区分字，其后面紧跟所有名称，以分号分隔。

5. 服务器向客户端广播的聊天信息的信息格式

MSG：客户名称：聊天信息

6. 服务器向客户端发送的同意断开连接的信息格式

QUIT

7.4.3 信息的分离、存储与显示

针对 7.4.2 节，服务器（或客户端）在接收到相应信息后，必须根据信息的种类，做相应的处理。因此，如何对收到的信息进行分离，是首先需要解决的问题。

此外，对服务器来说，需要将连接用户列表、聊天信息广播到每一个客户端，因此，必须要将每一个客户的名称、与之对应的套接字保存，并提供遍历的方式，以实现上述功能。

要实现将客户列表信息显示在客户端，通常的做法可以用 Text 来实现，但如果要实现将信息发送到指定客户，就需要选择客户名称，这是 Text 无法实现的。

1. 字符串令 StringTokenizer

在 JDK1.4 中，系统在 java.util 包中，提供了一个字符串令 StringTokenizer 类，其主要作用是对字符串进行信息分离。

（1）构造器方法 public StringTokenizer(String str, String delim)　将字符串 str 按给定分隔符号 delim 进行信息分离，构成字符串令对象。

（2）成员方法 public boolean hasMoreTokens()　如果字符串令还有元素，则返回真值。

（3）成员方法 public String nextToken()返回字符串令的下一个元素。

（4）成员方法 public String nextToken(String delim)返回字符串令重新以按给定分隔符号 delim 进行信息分离的下一个元素。

例如，对如下程序段：

```java
import java.util.StringTokenizer;
public class Test{
    public static void main(String[] args){
        String s="MSG:大家好！欢迎光临。:谢谢";
        StringTokenizer st=new StringTokenizer(s,":");
        while ( st.hasMoreTokens()){
            System.out.println("st 的元素有:"+st.nextToken());
        }
        st=new StringTokenizer(s,":");
        System.out.println("st(new)的元素有:"+st.nextToken());
        System.out.println("st(new)的元素有:"+st.nextToken("\0"));
    }
```

其运行结果为：

st 的元素有:MSG

st 的元素有:大家好！欢迎光临。

St 的元素有:谢谢

st(new)的元素有:MSG

st(new)的元素有:大家好！欢迎光临。:谢谢

2. 列表集合类 ArrayList

在 JDK1.5 以后，系统在 java.util 包中，提供了一个列表集合类 ArrayList，其主要作用是可以存储若干的元素（可以是任何类型），并提供若干方法，以实现对这些元素的遍历。

（1）成员方法 public int size()返回集合对象中存储的元素个数。

（2）成员方法 public Object get(int index)返回集合对象中的第 index 对象。

（3）成员方法 public E remove (int index)移除集合对象中的第 index 对象。

（4）成员方法 public boolean remove (E object)移除集合对象中的 object 对象。

（5）成员方法 public boolean add (E   c)将 c 添加到集合对象。

（6）成员方法 public void add (int index,E   c)将 c 添加到集合对象的 index 位置。

（7）成员方法 public String toString()将集合对象中的每个元素以字符串形式返回。

3. 列表框类 List

在 org.eclipse.swt.widgets.List;包中，提供了一个列表框 List 类，其主要作用是实现按条显示信息，并能返回所选择的信息内容。

（1）成员方法 public void setItems(String[] vs) 将字符串 vs 的每个元素作为列表的显示项。

（2）成员方法 public void add(String args)把 args 添加到列表中。

7.4.4 服务器端功能结构

1. 多线程机制

在服务器端，由于需要建立多个用户的连接，因此，需要有一个 ConnectSocket 线程，其主要工作流程如图 7.10 所示。

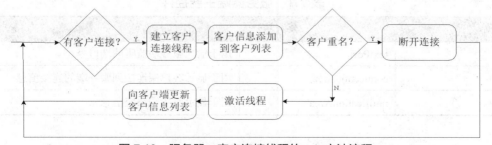

图 7.10　服务器—客户连接线程的 run 方法流程

服务器与客户连接后，需要不断进行信息的收发，因此，客户与服务器进行信息交互也需要用 Client 线程来实现。

在 Client 的构造器中，主要实现客户与服务器的连接通道（输入流和输出流），并分离客户的信息，并将连接信息显示在服务器端。

Client 接下来的工作就是不停扫描套接字端口，对读入的信息做相应的处理。其主要工作流程如图 7.11 所示。

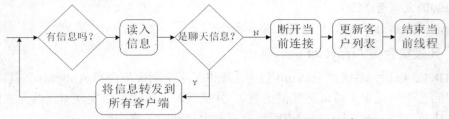

图 7.11 服务器—客户信息交互线程的 run 方法流程

2. 客户连接信息的存储

对服务器来说，必须将客户信息保存，以实现服务器与每个客户的信息交互。那么，对服务器来说，到底需要保存客户的哪些信息呢？

显然，客户名称是需要保存的，此外，服务器与客户的信息通道（输入流和输出流）也需要保存，这样，才能实现服务器通过访问客户列表，实现向每个客户发送消息。

因此，我们可以将服务器—客户信息交互线程作为用户列表信息保存起来。

7.4.5 服务器端功能实现

1. 创建工程组及工程

（1）创建服务器端工程 MultiServerNew。
（2）创建客户端工程 MultiClientNew。

2. 创建程序结构

在 MultiServerNew 工程下，创建一个 Application Window，命名为 ServerApp。

3. 系统界面设计

创建如图 7.12 所示的界面效果。创建好的界面组件名称如表 7.1 所示。

表 7.1 服务器端主要控件

控件	对象名	说明
Text	textPort	用于输入服务端监听的端口号
Text	connectionArea	用于显示客户端连接到服务端的连接信息
Text	notificationArea	用于显示服务端系统信息

第 7 章　网络编程

图 7.12　服务器端界面结构图

4．引入相关包

import java.io.BufferedReader;
import java.io.IOException;
import java.io.InputStreamReader;
import java.io.PrintStream;
import java.net.ServerSocket;
import java.net.Socket;
import java.util.ArrayList; //引入 ArrayList 类，用于存储客户信息
import java.util.StringTokenizer; //引入 StringTokenizer 类，用于信息分离

5．定义相关成员变量

ServerSocket server = null;
ConnectSocket connect = null;
static ArrayList<Client> clients = new ArrayList<Client>();// 存储客户列表信息

6．服务器端客户连接线程

ConnectSokcet 类作为 ServerApp 类的内部类，主要实现如图 7.10 所示的功能。

```
class ConnectSocket extends Thread {
        // 方法作用是在线程内部异步更新主界面的图形组件
        public void appendInformation() {
            Display.getDefault().syncExec(new Runnable() {
            public void run() {
    /*
    * 客户连接成功，定义并实例化一个 Client 线程，
*每一个线程对应一个客户连接
        */
        Client c = new Client(socket);
        /* 将连接的客户添加到客户列表存储 clients 中  */
            clients.add(c);
        /*
```

179

```
           *  测该用户名称是否存在，如不存在，则启动线程， 实现客户与服务器的信息
         *交互通道
           */
           if (checkName(c)) {
               // 启动线程
               c.start();
               /* 向每个客户端更新客户列表信息 */
               notifyRoom();
           } else {
               disconnect(c);
                   }
               }
           });
       }
       Socket socket;
       public void run() {
           while (true) {
               while (true) {
                   try {
                       socket = server.accept();// 等待客户连接
                   } catch (IOException e2) {
                       connectionArea.append("客户连接失败\n");
                   }
                   this.appendInformation();
               }
           }
       }
   }
```

7. 服务器端收发信息线程

Client 类作为 ServerApp 类的内部类，主要实现如图 7.11 所示的功能。

```
class Client extends Thread {
    String name; // 用来存储客户的连接姓名
    BufferedReader dis; // 用于实现接收从客户端发送来的数据流
    PrintStream ps; // 用来实现向客户端发送信息的打印流
    Socket socket; // 用于建立套接字
    boolean isRun=true;//控制 Client 线程运行状态

    // 采用异步方式更新主界面中的图形组件
    public void appendConnectionArea(String str) {
        final String str1 = str;
        Display.getDefault().syncExec(new Runnable() {
            public void run() {
                connectionArea.append(str1);
            }
        });
    }

    public Client(Socket s) { // Client 线程的构造器
        socket = s; // 将服务器—客户端建立连接所形成的套接字传递到该线程
```

```java
try {
    // 存储特定客户 socket 的输入流，接收客户发送到服务器端的信息
    dis = new BufferedReader(new InputStreamReader(
            socket.getInputStream()));
    // 存储特定客户的输出流，发送服务器信息给客户*/
    ps = new PrintStream(socket.getOutputStream());
    // 读取接收到的信息，该信息为客户登陆信息
    String info = dis.readLine();
    // 将信息用": "分离
    StringTokenizer stinfo = new StringTokenizer(info, ":");
    // 用 head 存储关键区分字
    String head = stinfo.nextToken();
    // 第二个数据段是客户的名称
    name = stinfo.nextToken();
    connectionArea.append("系统消息：" + name + "已经连接\n");
} catch (IOException e) {
    notificationArea.append("系统消息：用户连接出错\n");
}
}
// 实现向客户端发送信息的方法
public void send(String msg) {
    ps.println(msg);
    ps.flush();
}

// 读取客户端发送过来的信息
public void run() {
    while (isRun) {
        String line = null;
        try {
            /* 读取客户端发送的信息 */
            line = dis.readLine();
        } catch (IOException e) {
            // 如果出错，则要关闭连接，并更新客户列表信息
            appendConnectionArea("系统消息：读客户信息出错");
            disconnect(this);
            notifyRoom();
            return;
        }
        // 对读入的信息进行分离，以确定信息类型
        StringTokenizer st = new StringTokenizer(line, ":");
        String keyword = st.nextToken();// 关键字，判断消息类型
        if (keyword.equalsIgnoreCase("MSG")) {
/* 将接收到的客户聊天信息，通过调用信息广播成员方法，
*发送到所有客户端  */
            sendClients(line);
        // 如果关键字是 QUIT，则是客户端发送的退出信息
        } else if (keyword.equalsIgnoreCase("QUIT")) {
        // 发送同意断开信息到客户端
            send("QUIT");
```

```
            // 关闭连接，并更新客户列表信息
            disconnect(this);
            notifyRoom();
            // 结束当前线程
            isRun=false;
        }
    }
}
```

8. 客户名检测成员方法

该方法作为 ServerApp 类的成员方法，主要功能是检测登录的客户名是否已被其他已登录的客户所占用。

由于用户登录成功后，将所有信息已保存在 Client 线程对象中。因此，我们可以比较新建立的 Client 线程对象的客户名称和已存在的 Client 线程对象的客户名称是否重复而返回 boolean 值，供调用该方法的程序段进行处理。

```java
public boolean checkName(Client newClient) {
    for (int i = 0; i < clients.size(); i++) {
        // 取出每一个连接对象元素
        Client c = (Client) clients.get(i);
        // 如果不是对象自身但名字相同，则表明出现了重复名称
        if ((c != newClient) && (c.name).equals(newClient.name))
            return false;
    }
    return true;
}
```

9. 客户列表信息发送成员方法

该方法作为 ServerApp 类的成员方法，主要功能是将已连接的客户名称发送到所有客户端。

```java
public void notifyRoom() {
    // 服务器发送到客户的信息字符串，"PEOPLE" 表示是客户列表信息
    String people = "PEOPLE";
    for (int i = 0; i < clients.size(); i++) {
        // 获取每一个服务器—客户交互信息线程
        Client c = (Client) clients.get(i);
        // 将用户名称添加到发送信息字符串
        people += ":" + c.name;
    }
    // 调用信息广播成员方法，将用户列表信息发送到所有客户端
    sendClients(people);
}
```

10. 信息广播成员方法

该方法作为 ServerApp 类的成员方法，主要功能是将要发送的信息发送到所有客户端。

```java
public void sendClients(String msg) {
    for (int i = 0; i < clients.size(); i++) {
        // 获取每一个服务器—客户交互信息线程
```

```
            Client c = (Client) clients.get(i);
            // 通过线程的发送方法将信息发送出去/
            c.send(msg);
        }
    }
```

11. 断开服务器—客户连接方法

该方法作为 ServerApp 类的成员方法,主要功能是断开某一个特定的服务器—客户交互信息线程,并清除与之对应的用户列表信息。

```
public void disconnect(Client c) {
    try {
        connectionArea.append(c.name + "断开连接\n");
        // 向客户发送断开信息
        c.send("QUIT");
        clients.remove(c);
        c.socket.close();// 断开连接
    } catch (IOException e) {
        notificationArea.append("客户断开错误\n");
    }
}
```

12.【开始监听】按钮功能

```
try {
//打开服务器端口
        server = new ServerSocket(Integer.parseInt(textPort.getText()));
        notificationArea.append("系统提示:聊天服务器系统开始启动......\n");
} catch (IOException e1) {    //捕捉可能产生的异常
        notificationArea.append("服务器端口打开出错\n");
}
if (server != null) {
    /*开始用户连接*/
    ConnectSocket connect=new ConnectSocket();
    connect.start();
}
```

7.4.6 客户器端功能结构

1. 客户端按钮功能

如图 7.8 所示,客户端有 2 个按钮,每个按钮都响应不同的功能,其主要工作流程如图 7.13 所示。

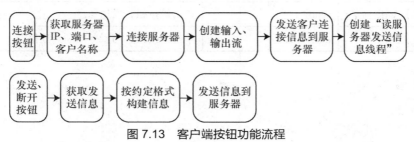

图 7.13　客户端按钮功能流程

2. 读取服务器发送信息线程

客户端在读取信息后，必须对信息的类型进行分析，根据不同信息类型做相应处理，其主要工作流程如图 7.14 所示。

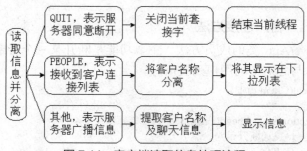

图 7.14　客户端读取信息处理流程

7.4.7　客户器端程序实现

1. 创建程序结构

在 MultClientrNew 工程下，创建一个 Application Window，命名为 ClientApp。

2. 系统界面设计

创建如图 7.15 所示的界面效果。其中，服务器 IP 输入框命名为 ipAddress，端口输入框命名为 textPort，客户名称输入框为 textClientName，信息输入框为 talkMessage，用户在线列表框命名为 clientsList，信息显示区命名为 textAreaMessage（见表 7.2）。

表 7.2　客户端主要控件

控件	对象名	说明
文本框	ipAddress	输入服务器 IP 地址
文本框	textPort	输入端口号
文本框	textClientName	输入客户名称
文本框	talkMessage	输入聊天信息
List	clientsList	显示用户在线列表框
多行文本框	textAreaMessage	显示聊天信息
【连接服务器】按钮	connectServer	单击该按钮，连接到制定服务器的端口号
【发送信息】按钮	send	单击该按钮，发送信息
【断开连接】按钮	disconnect	单击该按钮，与服务器断开连接

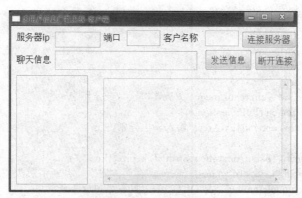

图 7.15 客户端

3. 引入相关包

import java.io.BufferedReader;
import java.io.IOException;
import java.io.InputStreamReader;
import java.io.PrintStream;
import java.net.InetAddress;
import java.net.Socket;
import java.util.ArrayList; //用于存储客户信息
import java.util.StringTokenizer;   //引入 StringTokenizer 类，用于信息分离

4. 定义相关成员变量

List clientsList;//该成员变量把用户列表从局部变量提升为成员变量
Socket socket=null;
BufferedReader cin=null;
PrintStream cout=null;
String clientName="";   //用于存储客户登录名称

5. 读取服务器发送信息线程

ReadMessageThread 类作为 ClientApp 类的内部类，主要实现图 7.15 所示的功能。

```
class ReadMessageThread extends Thread{
    public void list(final ArrayList<String> imessage){
            Display.getDefault().syncExec(new Runnable() {
                public void run(){
                    clientsList.removeAll();
                    for(String temp:imessage)
                    clientsList.add(temp);
                }
            });
    }
    public void appendTextArea(String str){
        final String str1 = str;
        Display.getDefault().syncExec(new Runnable() {
            public void run(){
                textAreaMessage.append(str1);
            }
        });
```

```java
        }
        public void run(){
            String line="";
            while(isRun){
                try{
                    line = cin.readLine();    //从端口读入一条信息
                }catch (IOException e){
                    this.appendTextArea("输入输出异常\n");
                }
                StringTokenizer st=new StringTokenizer(line,":");
                String keyword=st.nextToken();//存储关键字，判断消息类型
                if (keyword.equalsIgnoreCase("QUIT")){ //服务器同意断开信息
                    try{
                        socket.close();
                        this.appendTextArea("接收到服务器同意断开信息，套接字关闭\n");
                    }catch (IOException e){
                        this.appendTextArea("套接字关闭异常\n");
                    }
                    isRun=false;
                } else if (keyword.equalsIgnoreCase("PEOPLE")){    //客户列表信息
                    /*将客户名称分离到 Vector 中，然后将其显示在下拉列表中*/
                    ArrayList<String> imessage=new ArrayList<String>();
                    while(st.hasMoreTokens())
                        imessage.add(st.nextToken());
                    this.list(imessage);
                }else{
                    //接收的是来自服务器的广播信息
                    //将信息的余下内容全部提取，并去掉首字符（冒号），并显示
                    String message=st.nextToken("\0");
                    message=message.substring(1);
                    this.appendTextArea(message+"\n");
                }
            }
        }
    }
}
```

6.【连接服务器】按钮功能

```java
try {
    //获取服务器 IP
    InetAddress ip=InetAddress.getByName(ipAddress.getText());
    int port=Integer.parseInt(textPort.getText()); //获取服务器端口
    socket= new Socket(ip,port); //与服务器连接
    textAreaMessage.append("系统提示:与服务器开始连接......\n");
} catch (IOException e1) { //捕捉可能产生的异常
    textAreaMessage.append("服务器端口打开出错\n");
}
if (socket != null) { //连接成功
    textAreaMessage.append("系统提示:与服务器连接成功......\n");
    clientName=textClientName.getText().trim(); //获得客户连接的名称
    try {
        //创建输入流
```

```
            cin=new BufferedReader(new InputStreamReader
            (socket.getInputStream()));
            //创建输出流
            cout = new PrintStream(socket.getOutputStream());
            //构建客户向服务器发送连接请求的信息,并发送到服务器
            String str = "PEOPLE:"+clientName;
            cout.println(str);
            //创建读服务器发送信息线程
            ReadMessageThread readThread=new ReadMessageThread();
            readThread.start();
            }catch(IOException e3) { //捕捉可能产生的异常
            textAreaMessage.append("输入输出异常\n");
                }
    }
}
```

7.【发送信息】按钮功能

```
//获取信息内容,并按约定格式构建客户向服务器发送的聊天信息,并发送
String str=talkMessage.getText();
str="MSG:"+clientName+":"+str;
cout.println(str);
```

8.【断开连接】按钮功能

```
/*按约定格式构建客户向服务器请求断开的信息,并发送*/
            String str="QUIT";
            cout.println(str);
            textAreaMessage.append("客户请求断开连接\n");
```

7.4.8 实战演习

（1）请对多用户信息广播系统进行修改，实现"聊天系统"。

①客户端界面如图 7.16 所示。

②客户端发送信息可以选择广播或特定客户。

③如选择广播，则将信息转发到所有客户端。

④如选择"特定客户"，则将信息只发送到选择的客户。

提示：要实现广播和特定发送，就需要对客户端发送到服务器端的信息协议做调整，可以约定为：

①若为广播，则信息格式为"MSG：BROAD：发送客户名称：发送的信息"；

②若为特定发送，则信息格式为"MSG：SINGLE：接收客户名称：发送客户名称：发送的信息"。

（2）拓展项目功能，实现基于 TCP 协议的文件上传与文件下载。

（3）拓展项目功能，对项目的用户进行管理，包括用户的登录与注册。用户数据在服务器端使用数据库系统进行存储。

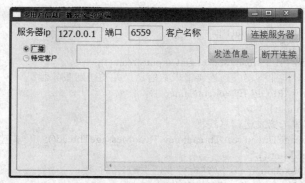

图 7.16 聊天系统—客户端

7.5 基于 UDP 协议的网络连接

Java 对数据报 UDP 的支持与它对 TCP 的支持大致相同，但也存在明显的区别。

7.5.1 UDP 协议基础

1. UDP 协议与 TCP 协议的异同

对 UDP 协议来说，我们在服务器端打开数据报套接字 DatagramSocket。但是，与 TCP 不同（TCP 协议在服务器端打开 ServerSocket，等待建立连接），DatagramSocket 不会等待建立连接的请求。这是因为不再存在"连接"，而是数据报在网络上传递（每个数据报走的路可能不一样）。

对 TCP 来说，连接一旦建立，就不再需要关心谁向谁进行数据传递，只需要通过会话流来回传送数据即可。而对数据报来说，它的数据必须知道自己来自何处，到何处去。

2. UDP 服务器端的连接过程

（1）在服务器的指定端口上创建 DatagramSocket 数据报套接字对象，该对象用于收发数据报。

DatagramSocket socket=new DatagramSocket(INPORT)

（2）创建 DatagramPacket 数据报包对象，用来存储接收到的数据报包。

DatagramPacket dp=new DatagramPacket(buf,buf.length)，其中，buf 为字节数组。

（3）要接收数据，通过数据报套接字对象的 receive()方法接收 1 个数据包到创建的数据报包对象 dp 中。

socket.receive(dp)

（4）要发送数据，将数据组合成数据报包对象，通过数据报套接字对象的 send()发放将数据发送。注意，数据组合成数据报包对象时，要给出对方的 IP 地址和端口号。

3. UDP 客户端的连接过程

（1）在客户机上创建 DatagramSocket 数据报套接字对象，该对象用于收发数据报。系统将决定采用哪个端口。

DatagramSocket socket=new DatagramSocket()

（2）创建 DatagramPacket 数据报包对象，用来存储接收到的数据报包。

DatagramPacket dp=new DatagramPacket(buf,buf.length)，其中，buf 为字节数组

（3）要接收数据，通过数据报套接字对象的 receive()方法接收 1 个数据包到创建的数据报包对象 dp 中。

socket.receive(dp);

（4）要发送数据，将数据组合成数据报包对象，通过数据报套接字对象的 send()发放将数据发送。注意，数据组合成数据报包对象时，要给出对方的 IP 地址和端口号。

4．DatagramSocket 类的解析

（1）构造器方法 pubic DatagramSocket()：创建 1 个与本地机的数据报套接字，端口由系统决定。

（2）构造器方法 public DatagramSocket(int port)：创建 1 个与本地机的指定端口的数据报套接字。

（3）成员方法 public void close()：关闭该数据报套接字。

（4）成员方法 public DatagramPacket receive(DatagramPacket dp)：从该套接字接收 1 个数据报包。

（5）成员方法 public void send(DatagramPacket dp)：从该套接字发送 1 个数据报包。

5．DatagramPacket 类的解析

（1）构造器方法 public DatagramPacket(byte[] buf,length)：创建 1 个数据报包，用于接收数据报包数据，允许接收的数据报包长度为 length。

（2）构造器方法 public DatagramPacket(byte[] buf,length,InetAddress addr, int port)：创建 1 个数据报包，用于发送数据报包数据。

①成员方法 public InetAddress getAddress()：返回该数据报包中的 IP 地址。
②成员方法 public int getPort()：返回该数据报包中的端口地址。
③public byte[] getData()：返回该数据报中的数据。
④public int getLength()：返回该数据报中的数据长度（不包括 IP 和端口）。

6．数据报的多用户服务问题

由于数据报服务采用的是非连接方式，因此，不需要采用线程，就可以实现多用户。这是因为，对接收来说，无论从哪个客户机来的信息，都是存放在其数据报包里，程序在分解数据时可以知道来自哪台客户机；对发送来说，由于指定了 IP 和端口，系统知道如何将数据报包送到指定的位置。

7.5.2 基于 UDP 协议的多客户—服务器连接系统

下面我们使用 UDP 协议来实现一个简单的多客户—服务器连接系统，客户端可以发送信息到服务器端，服务器端对接收到的信息进行显示，并回复信息到客户端，如图 7.17、图 7.18、图 7.19 所示。

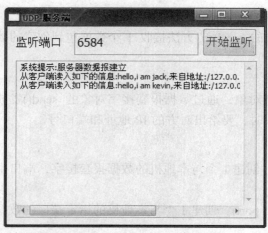

图 7.17　基于 UDP 协议的服务器端

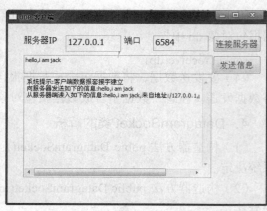

图 7.18　基于 UDP 协议的客户端 1

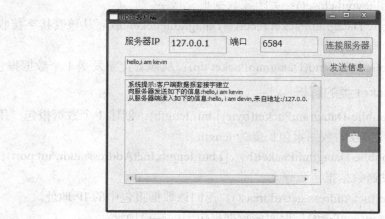

图 7.19　基于 UDP 协议的客户端 2

1. 创建工程

（1）创建服务器端工程 UDPServer。

（2）创建客户端工程 UDPClient。

2. 创建服务器端工程程序结构

在 UDPServer 工程下，创建一个 Application Window，命名为 ServerApp。

3. 服务器端工程系统界面设计

根据图 7.17，创建服务器端界面。其中，监听端口输入框命名为 IpAddress，信息显示框命名为 textAreaMessage。

4. 定义相关成员变量

```
byte[] buf=new byte[1000];    //字节数组成员属性，用于发送和接收数据
DatagramPacket dp=new DatagramPacket(buf,buf.length);   //数据报包
DatagramSocket socket;    //数据报套接字
```

5. 创建服务器端收发线程

服务器端主要实现信息的接收与确认信息的反馈，因此，需要用一个线程来实现。

```java
class ReadMessageThread extends Thread{
    public void appendTextArea(String str){
        final String str1 = str;
        Display.getDefault().syncExec(new Runnable() {
            public void run(){
                textAreaMessage.append(str1);
            }
        });
    }
    public void run(){
        while(true){
            try{
                socket.receive(dp);    //读入数据报包
            } catch (IOException e1) {    //捕捉可能产生的异常
                appendTextArea ("读端口信息出错\n");
            }
            //分离数据报包的信息，将数据信息构成 String 类型
            String rcvd=new String(dp.getData(),0,dp.getLength());
            InetAddress ip=dp.getAddress();
            int port=dp.getPort();
            rcvd=rcvd+",from address:"+ip+",prot:"+port;
            appendTextArea.append("从客户端读入如下的信息:"+rcvd+"\n");
            String echo="服务器已接收到来自"+ip+"的信息";
            //将反馈信息字符串转换为字节数组
            buf=echo.getBytes();
            //构建发送信息数据报包
            dp=new DatagramPacket(buf,buf.length,ip,port);
            try{
                socket.send(dp);    //发送数据报包
            } catch (IOException e2) {    //捕捉可能产生的异常
                appendTextArea.append("发送信息出错\n");
            }
        }
    }
}
```

6.【启动系统】按钮功能

```java
try{
    //建立数据报套接字
    socket=new DatagramSocket(Integer.parseInt(IpAddress.getText()));
    textAreaMessage.append("系统提示:服务器端数据报建立\n");
} catch (IOException e1) {    //捕捉可能产生的异常
    textAreaMessage.append("服务器端口打开出错\n");
}
if (socket != null) {
    //启动读信息线程
    ReadMessageThread readThread=new ReadMessageThread();
```

```
            readThread.start();
    }
```

7. 创建客户端工程程序结构

在 UDPClient 工程下,创建一个 Application Window,命名为 ClientApp。

8. 客户端工程系统界面设计

根据图 7.18 创建客户端界面。其中,服务器 IP 输入框命名为 ipAddress,端口输入框命名为 textPort,信息输入框命名为 clientName,信息显示框命名为 textAreaMessage。

9. 定义相关成员变量

```
DatagramSocket socket;
byte[] buf=new byte[1000];
DatagramPacket dp=new DatagramPacket(buf,buf.length);
InetAddress serverHost;
int serverPort;
```

10. 创建客户端收发线程

由于客户端需要随时接收来自服务器发送的信息,因此其接收信息也由一个单独的线程来完成。

```
class ReadMessageThread extends Thread{
    public void appendTextArea(String str){
            final String str1 = str;
            Display.getDefault().syncExec(new Runnable() {
                public void run(){
                    textAreaMessage.append(str1);
                }
            });
    }
    public void run(){
        while(true){
            try{
                socket.receive(dp);
            } catch (IOException e1) {     //捕捉可能产生的异常
                appendTextArea("读端口信息出错\n");
            }
            String rcvd=new String(dp.getData(),0,dp.getLength());
            InetAddress ip=dp.getAddress();
            int port=dp.getPort();
            rcvd=rcvd+",from address:"+ip+",prot:"+port;
            appendTextArea("从服务器端读入如下的信息:"+rcvd+"\n");
        }
    }
}
```

11.【连接服务器】按钮功能

```
//创建 IP
try{
    serverHost=InetAddress.getByName(ipAddress.getText());
```

```
}catch(IOException e1){
        textAreaMessage.append("IP 地址出错\n");
}
serverPort=Integer.parseInt(textPort.getText());
try {
    socket=new DatagramSocket();
    textAreaMessage.append("系统提示：客户端数据报套接字建立\n");
} catch (IOException e2) {    //捕捉可能产生的异常
    textAreaMessage.append("端口打开出错\n");
}
if (socket != null) {
        ReadMessageThread readThread=new ReadMessageThread();
        readThread.start();
}
```

12.【发送信息】按钮功能

```
if (socket != null) {
        String str=clientName.getText();
        textAreaMessage.append("向服务器发送如下的信息:"+str+"\n");
        buf=str.getBytes();
        dp=new DatagramPacket(buf,buf.length,serverHost,serverPort);
        try {
            socket.send(dp);
        } catch (IOException e3) {    //捕捉可能产生的异常
            textAreaMessage.append("发送信息出错\n");
        }
}
```

7.5.3 实战演习

请采用 UDP 协议，对 7.5.2 节进行功能扩展，实现基于 UDP 协议的多客户信息交流系统。其功能要求与 7.4.8 节要求一致。

> **注意**：由于 UDP 是面向无连接的协议，因此，在服务器端保存用户信息列表应保存每一个客户的 IP 地址、端口号、用户名。协议格式可以约定如下。

（1）客户端发送信息到指定用户为 MSG：用户名：信息内容；
（2）客户端发送广播信息为 MSG：ALL：信息内容；
（3）客户端发送断开连接信息为 QUIT；
（4）服务器发送用户列表信息到每个客户端 PEOPLE：客户名 1：...：客户名 n；
（5）服务器发送聊天信息客户端 MSG：发送用户名：信息内容；
（6）由于 UDP 是面向无连接的协议，因此，不需要发送断开确认信息。

第 8 章 数据库与网络编程综合应用实例

本章要点

- 数据库与网络综合应用系统开发方法与步骤；
- EasyGo 系统开发。

前面以 7 章的篇幅分别介绍了基于 Swt/Jface 的 GUI 图形用户界面开发技术、JDBC 数据库系统开发技术以及表格数据处理、Java 网络编程与多线程技术。本章介绍数据库与网络综合应用系统 EasyGo 的开发。

8.1 EasyGo 系统简介

EasyGo 系统是一个应用于校园的社交软件。一个完整的校园综合社交系统通常包括用户管理、社交管理、活动管理、信息管理、后台管理等功能模块。本章开发的 EasyGo 系统是一个为适应教学要求而简化的系统，主要功能包括：

（1）系统登录与主控模块；
（2）义工活动管理模块；
（3）信息公告管理模块；
（4）个人信息管理；
（5）个人信息邮箱验证。

系统登录与主控模块界面如图 8.1 和图 8.2 所示。

图 8.1　EasyGo 系统登录界面

第 8 章 数据库与网络编程综合应用实例

图 8.2 EasyGo 系统主控模块界面

8.2 EasyGo 系统数据库设计

本系统与一般的数据库应用程序一样，采用数据库管理系统来存储和管理数据。数据库系统采用 SQL Server 2012。因本章重点为数据库应用系统开发的介绍，为节约篇幅，此处不叙述系统的数据库的概念设计和 ER 模式分析等内容，而是直接给出各个表的结构和字段含义。

根据本章实现的系统的需求，设计并创建系统数据库 systemDB，在数据库 systemDB 中设计 6 个数据库表格，各表的结构如表 8.1~表 8.6 所示。

表 8.1 群组信息表(groupInfo)

字段名	类型	含义
groupName	nvarchar(50)	群组的名字
groupInfo	text	保留群组的信息

表 8.2 各个群组的用户(groupUser)

字段名	类型	含义
groupName	nvarchar(50)	群组的名字
userName	nvarchar(50)	用户名
onlineType	int	在线状态

表 8.3 公告的内容(news)

字段名	类型	含义
id	int	标志符
name	nvarchar(50)	发布人
title	nvarchar(50)	标题
time	nvarchar(50)	时间
location	nvarchar(50)	地点

表 8.4 用户信息(userList)

字段名	类型	含义
name	nvarchar(50)	用户名
pass	nvarchar(50)	密码
sex	nvarchar(10)	性别
constellation	nvarchar(20)	星座
bloodType	nvarchar(20)	血型
brithDate	nvarchar(20)	生日
info	nvarchar(50)	个性签名
mail	nvarchar(50)	邮箱
pic	nvarchar(50)	照片
stat	nvarchar(10)	是否验证邮箱

表 8.5 用户状态(userstate)

字段名	类型	含义
username	nvarchar(50)	用户名
onlineType	int	用户状态

表 8.6 义工活动信息表(volunteer)

字段名	类型	含义
actName	nvarchar(50)	活动名称
actTime	nvarchar(50)	活动时间
actPerson	nvarchar(50)	发布人
actNum	int	需求人数
overNum	int	已报名人数
actInfo	nvarchar(200)	详细信息

8.3 主控模块界面设计与登录功能实现

8.3.1 工程创建与系统登录界面设计

（1）创建工程，工程命名为 SZEasyGoClient，为工程添加 Swt/JFACE 支持。

（2）在工程 src 文件夹下，创建 images 目录，将项目中使用的各种图片文件拷贝到此目录下。

（3）在 src 文件夹下创建 Java 包 szpt.easygo.visualclass。该包用于存放系统中的 GUI 界面程序源文件。

第 8 章 数据库与网络编程综合应用实例

（4）在 szpt.easygo.visualclass 包中创建 visual class，命名为 Login，窗体采用 GridLayout 布局，按照要求设计登录界面。登录界面中主要控件命名如表 8.7 所示。

表 8.7 Login 登录界面中主要控件

控件	对象名	说明
用户名文本框	textName	用于输入用户名
密码框	textPass	用于输入用户密码
【登录】按钮	Button	单击该按钮，进入系统主控界面
【重置】按钮	Button_1	单击该按钮，重置已输入的信息
【注册】按钮	Button_2	单击该按钮，跳转进入注册页面

（5）设置登录界面的背景模式和背景图片。Login 界面以一个背景图片作为窗体的背景，实现方法为在 Login 源文件的 createContents()方法体的最后添加如下代码。

```
shell.setBackgroundMode(SWT.INHERIT_DEFAULT);
shell.setBackgroundImage(SWTResourceManager.getImage
(Login.class, "/picture/96458PICrNM_1024.jpg")));
```

代码中使用 setBackgroundMode 方法设置窗体的背景模式。Swt 提供 3 种背景模式，分别是 INHERIT_DEFAULT、INHERIT_FORCE 和 INHERIT_NONE。

- INHERIT_NONE：不选用父背景作为继承，即窗体中的任何其他控件不会采用窗体背景。
- INHERIT_DEFAULT：选择性地选择父背景，如 Combo、List、Button 等控件都不选用父背景，而 Label 控件将采用所在容器的背景作为控件背景。
- INHERIT_FORCE：所有控件采用父背景作为控件的背景。

8.3.2 主控模块界面设计

1. 主控模块窗体和布局设计

如图 8.2 系统主控模块界面所示，为突出界面的简洁和个性化，窗体容器顶层布局采用 GridLayout 布局，结构如图 8.3 所示。

图 8.3 主控模块界面布局

主控模块的中心区域采用选项卡的方式，包含社交选项卡、义工活动选项卡和信息公告选项卡。社区选项卡界面布局如图 8.4 所示。

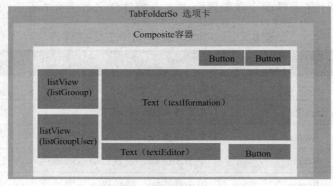

图 8.4 社交选项卡界面布局

义工活动与信息公告选项卡的布局基本类似，所以只展示义工活动的布局。布局结构如图 8.5 所示。

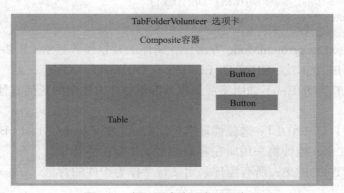

图 8.5 义工活动选项卡界面布局

实现步骤如下。

（1）在工程的 szpt.easygo.visualclass 包中创建 visual class 类，命名为 easygoMainShell，设置该 shell 的 size 属性为：740,500；trim 属性为：SHELL_TRIM；layout 属性为 GridLayout，layout 的具体布局数据如图 8.6 所示。

图 8.6 easygoMainShell 的 layout 属性设置

（2）在 easygoMainShell 界面的第 1 行第 1 列 Menu Bar 控件，命名为：menu；第 2 行

第 8 章　数据库与网络编程综合应用实例

第 1 列添加 TabFolder，命名为：TabFolder，各组件 layoutData 属性设置如表 8.8 所示。

表 8.8　主控模块各个部分的 layoutData 属性设置

TabFolder 的 layoutData 设置		listGroup/UserlistGroup 的 layoutData 设置	
LayoutData	(org.eclipse.swt.layout.GridData)	**LayoutData**	(org.eclipse.swt.layout.GridData)
exclude	false	Variable	gd_listGroup
grabExces...	true	exclude	false
grabExces...	true	grabExcess...	false
heightHint	-1	grabExcess...	true
horizonta...	FILL	heightHint	-1
horizontal...	0	**horizontal...**	FILL
horizontal...	1	horizontalI...	0
minimum...	0	horizontalS...	1
minimum...	0	minimumH...	0
verticalAl...	FILL	minimumW...	0
verticalInd...	0	**verticalAli...**	FILL
verticalSp...	1	verticalInde...	0
widthHint	-1	verticalSpan	1
		widthHint	120

textIformation 的 layoutData 设置		textEditor 的 layoutData 设置	
LayoutData	(org.eclipse.swt.layout.GridData)	**LayoutData**	(org.eclipse.swt.layout.GridData)
exclude	false	exclude	false
grabExcess...	true	grabExcess...	true
grabExcess...	true	grabExcess...	false
heightHint	-1	heightHint	-1
horizontal...	FILL	**horizontal...**	FILL
horizontalI...	0	horizontalI...	0
horizontalS...	6	horizontalS...	4
minimumH...	0	minimumH...	0
minimumW...	0	minimumW...	0
verticalAli...	FILL	**verticalAli...**	CENTER
verticalInde...	0	verticalInde...	0
verticalSpan	1	verticalSpan	1
widthHint	-1	widthHint	-1

table 的 layoutData 设置	
LayoutData	(org.eclipse.swt.layout.GridData)
exclude	false
grabExcess...	true
grabExcess...	true
heightHint	-1
horizontal...	FILL
horizontalI...	0
horizontalS...	1
minimumH...	0
minimumW...	0
verticalAli...	FILL
verticalInde...	0
verticalSpan	1
widthHint	-1

2．主控模块中 meunBar 的设计

打开 Menu 工具面板，选择 MenuBar，在 Meun 工具面板里选择 MenuItem，在菜单条 MenuBar 上单击创建一个菜单项，命名为：mrnuItem，设置 text 属性为"个人信息"。

3．主控模块 tabFolder 的设计

tabFolder 用于分别显示社交、义工活动、信息公告的功能，界面采用 GridLayout 布局。

打开 Composite 工具面板，选择 TabFolder，在 Composite 工具面板里选择 TabItem，在 TabFolder 上单击创建一个选项，命名为：tabItemSo，设置 text 属性为"社交"，并且在每个选项卡里创建 compoiste。

以同样的方法，创建菜单条上的其他菜单项以及选项卡里的选项，菜单项和选项卡的选项命名与 text 属性如图 8.7 所示。每个菜单项对应的图片参照图 8.2 所示的主控模块界面。

图 8.7　主控模块菜单栏与选项卡结构

4．主控模块社交选项卡的设计

打开 Jface 工具面板，选择 ListViewer，分别命名为 listGroup 和 listGroupUser。在菜单条 Controls 工具面板上，选择 Text，分别命名为 textIformation 和 textEditor，并将 textIformation 的 editable 属性改为 false，每个功能项对应的图片参照图 8.8。

图 8.8　EasyGo 系统社交模块界面

5．主控模块义工活动选项卡的设计

打开 Jface 工具面板，选择 TableViewer，命名为 table，并将 table 的 headerVisible 属性改为 true，每个功能项对应的图片参照图 8.9，table 的 LayoutData 参照图 8.10。

第 8 章 数据库与网络编程综合应用实例

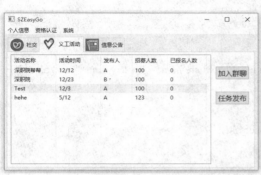

图 8.9 EasyGo 系统义工模块界面

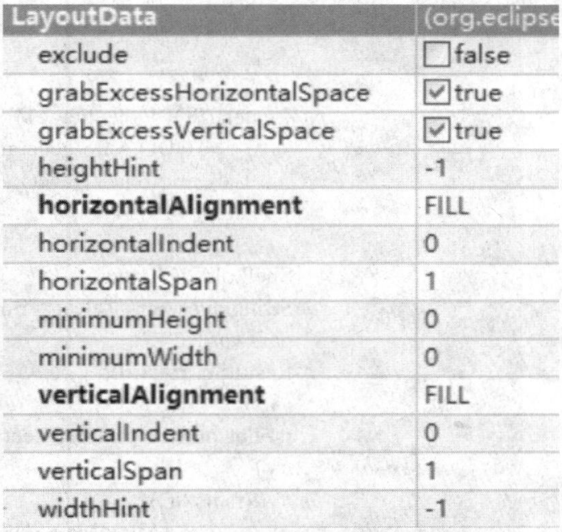

图 8.10 table 的 LayoutData 属性界面

信息公告选项卡与义工活动的界面实现基本相同，界面图可以参照图 8.11。

图 8.11 EasyGo 系统信息公告模块界面

8.3.3 系统登录功能实现

1.【登录】按钮的实现

```
button.addSelectionListener(new SelectionAdapter() {
    @Override
    public void widgetSelected(SelectionEvent e) {
        String userName=textName.getText().trim();
        String password=textPass.getText().trim();
        CommonADO dbConnect=CommonADO.getCommonADO();

        //判断用户是否已经登录
        ResultSet rs2 =dbConnect.executeSelect("select * from Userstate where userName = '"+userName+"'");
        try {
            if(rs2.next()){
                if(rs2.getString("OnlineType").equals("1")){
                    MessageDialog.openError(shell, "警告", "用户已登录");
```

```
                            return;
                        }
                    }
                } catch (SQLException e1) {
                    // TODO Auto-generated catch block
                    e1.printStackTrace();
                }

                Shell oldShell=shell;
                String queryStr="select * from userList where name='"+userName+"' and pass='"+password+"'";
                ResultSet rs=null;

                rs=dbConnect.executeSelect(queryStr);
                try{
                   if(rs.next()){
                            easygoMainShell adminMain=
                               new easygoMainShell(Display.getDefault(),userName);
                            shell=adminMain.getShell();
                            shell.open();
                            oldShell.close();

                   }else{MessageDialog.openInformation(shell, "信息提示","用户不存在");
                       textName.setText("");
                       textPass.setText("");
                   }
                }catch(SQLException e1){
                   e1.printStackTrace();
                }


            }
        });
```

2.【重置】按钮的实现

```
        button_1.addSelectionListener(new SelectionAdapter() {
            @Override
            public void widgetSelected(SelectionEvent e) {
                textName.setText("");
                textPass.setText("");
            }
        });
```

3.【注册】按钮的实现

```
        Button button_2 = new Button(shell, SWT.NONE);
        button_2.addSelectionListener(new SelectionAdapter() {
            @Override
            public void widgetSelected(SelectionEvent e) {
                new Regedit(Display.getDefault()).open();
            }
        });
```

8.4 社交模块基本功能的实现

社交模块功能主要包括群组与群组用户信息的显示、网络聊天以及聊天信息的显示，本小节主要介绍群组与群组用户信息显示功能的实现。

8.4.1 数据库连接类的设计

系统需要频繁地进行数据库的操作，为了优化系统结构，提高效率，设计系统公共数据库访问类 CommonADO，封装数据库的公共操作。在工程 SZEasyGoClient V3.0 的 src 中创建包 szpt.easygo.dataclass，在该包中新建类 CommonADO，代码如下。

```java
package szpt.easygo.dataclass;
import java.sql.*;
public class CommonADO {
    private String url=null;
    private String DBDriver=null;
    private String user=null;
    private String password=null;
    private  Connection conn=null;
    private Statement stmt=null;
    private ResultSet rs=null;

    private static final CommonADO commonADO=new CommonADO();
    private CommonADO(){
        DBDriver="com.microsoft.sqlserver.jdbc.SQLServerDriver";
        url="jdbc:sqlserver://localhost:1433;DatabaseName=systemDB";

        user="sa";
        password="123456";
        try{
            Class.forName(DBDriver);//加载驱动
            conn=DriverManager.getConnection(url,user,password);
        }catch(ClassNotFoundException e){
            e.printStackTrace();
        }catch(SQLException e){
            e.printStackTrace();
        }
    }

    public static CommonADO getCommonADO(){
        return commonADO;
    }

    public ResultSet executeSelect(String sql){
        stmt=conn.createStatement();
        if(sql.toLowerCase().indexOf("select")!=-1){
            try{
                rs=stmt.executeQuery(sql);
            }catch(SQLException e){
                e.printStackTrace();
```

```java
            }
        }
        return rs;
}

public int executeUpdate(String sql){
    stmt=conn.createStatement();
    int result=0;
    if(sql.toLowerCase().indexOf("update")!=-1|
    sql.toLowerCase().indexOf("insert")!=-1|
    sql.toLowerCase().indexOf("delete")!=-1){
        try{
            result=stmt.executeUpdate(sql);
        }catch(SQLException e){
            e.printStackTrace();
        }
    }
    return result;
}

public Connection getConn(){
    return conn;
}

public Statement getStmt(){
    return stmt;
}

public void closeDB(){
    try{
        rs.close();
        stmt.close();
        conn.close();
    }catch(SQLException e){
        e.printStackTrace();
    }
}
}
```

8.4.2 群组与用户信息的显示

基本思路：系统要求在社交界面显示当前的群组和群组中的用户，并且还能存储聊天记录。因此，该功能的实现思路是在连接到服务器端时，将数据从数据库中导入进来，实现社交界面的群组和群组用户。

1. 创建实体类 GroupEntity

GroupEntity 类是与数据库 groupUser 表中数据记录对应的实体类。在工程 szpt.EasyGo.dataclass 包中创建类 GroupEntity，编写代码如下所示。

```java
package szpt.easygo.dataclass;
public class GroupEntity {

    String groupName;
    String userName;
    String OnlineType;

    public String getUserName() {
        return userName;
    }

    public void setUserName(String userName) {
        this.userName = userName;
    }

    public String getOnlineType() {
        return OnlineType;
    }

    public void setOnlineType(String onlineType) {
        this.OnlineType = onlineType;
    }

    public String getGroupName() {
        return groupName;
    }

    public void setGroupName(String groupName) {
        this.groupName = groupName;
    }
}
```

2. 创建工厂类 GroupFactory

在工程 szpt.EasyGo.dataclass 包中创建类 GroupFactory，该类实现了从数据库表到 Java 对象列表的转换，编写代码如下所示。

```java
package szpt.easygo.dataclass;
import java.sql.ResultSet;
import java.sql.SQLException;
import java.util.ArrayList;
import java.util.List;
public class GroupFactory {
    private List roomsList=new ArrayList();

    public  GroupFactory(String name) {
        try {
            CommonADO con=CommonADO.getCommonADO();
```

```java
            String sql="select * from systemDB.dbo.groupUser where userName='"
                    +name+"'";
            ResultSet rs=con.executeSelect(sql);
            while(rs.next())
            {
                GroupEntity groupEntity=new GroupEntity();
                groupEntity.setGroupName(rs.getString("groupName"));
                roomsList.add(groupEntity);
            }
        } catch (SQLException e) {
            // TODO Auto-generated catch block
            e.printStackTrace();
        }
    }
    public  GroupFactory(int flag,String groupName) {
        try {
            CommonADO con=CommonADO.getCommonADO();
            String sql="select * from systemDB.dbo.groupUser where groupName='"
                    +groupName+"'";
            ResultSet rs=con.executeSelect(sql);
            while(rs.next())
            {
                String state="（不在线）";
                GroupEntity groupEntity=new GroupEntity();
                groupEntity.setUserName(rs.getString("userName"));
                if(rs.getInt("OnlineType")==1)state="（在线）";
                groupEntity.setOnlineType(state);
                roomsList.add(groupEntity);
            }
            //给所有社团添加一个所有人的成员
            GroupEntity allPeople =new GroupEntity();
            allPeople.setUserName("所有人");
            allPeople.setOnlineType("");
            roomsList.add(allPeople);
        } catch (SQLException e) {
            // TODO Auto-generated catch block
            e.printStackTrace();
        }
    }
    public static boolean insertGroup(String groupName){
        CommonADO con=CommonADO.getCommonADO();
        String querySql="select * from groupInfo where groupName='"+groupName+"'";
        String insertSql="insert into groupInfo(groupName,groupInfo) values('"+
                groupName+"','"+" "+"')";
        ResultSet rs=con.executeSelect(querySql);
        try{
            if(!rs.next()){
                con.executeUpdate(insertSql);
                return true;
            }else
                return false;
```

```java
            }catch(SQLException e){
                e.printStackTrace();
            }
            return false;
        }
        public static boolean insertGroupTalk(String groupName,String userName){
            CommonADO con=CommonADO.getCommonADO();
            String querySql="select * from groupUser where groupName='"+groupName+"'and userName='"+userName+"'";
            String insertSql="insert into groupUser(groupName,userName,OnlineType) values('"+
                groupName+"','"+
                userName+"','"+1+"')";
            ResultSet rs=con.executeSelect(querySql);
            try{
                if(!rs.next()){
                    con.executeUpdate(insertSql);
                    return true;
                }else
                    return false;
            }catch(SQLException e){
                e.printStackTrace();
            }
            return false;
        }
        public List getRoomsList() {
            return roomsList;
        }
    
}
}
```

3. 列表控件内容提供器的实现

```java
private static class ContentProvider_groupUser implements IStructuredContentProvider {
    public Object[] getElements(Object inputElement) {
        GroupFactory groupFactory=(GroupFactory) inputElement;
        return groupFactory.getRoomsList().toArray();
    }
    public void dispose() {
    }
    public void inputChanged(Viewer viewer, Object oldInput, Object newInput) {
    }
}

private static class ViewerLabelProvider_groupUser extends LabelProvider {
    public Image getImage(Object element) {
        return super.getImage(element);
    }
    public String getText(Object element) {
        GroupEntity groupEntity=(GroupEntity)element;
        return groupEntity.getUserName()+groupEntity.getOnlineType();
    }
}
```

```java
private static class ContentProvider_group implements IStructuredContentProvider {
    public Object[] getElements(Object inputElement) {
        GroupFactory groupFactory=(GroupFactory) inputElement;
        return groupFactory.getRoomsList().toArray();
    }
    public void dispose() {
    }
    public void inputChanged(Viewer viewer, Object oldInput, Object newInput) {
    }
}
private static class ViewerLabelProvider_group extends LabelProvider {
    public Image getImage(Object element) {
        return super.getImage(element);
    }
    public String getText(Object element) {
        GroupEntity groupEntity=(GroupEntity)element;
        return groupEntity.getGroupName();
    }
}
```

8.5 义工活动模块的设计与实现

基本思路：系统要求在义工活动界面显示当前已经发布的义工活动，并且还能实现任务发布和加入群聊。因此，该功能的实现思路是在连接到服务器端时，将数据从数据库中导入进来，并能够实现修改。公告信息的实现思路基本与义工活动的相同。

8.5.1 义工活动表格数据的显示与修改

1. 创建实体类 volunteerEntity

volunteerEntity 类是与数据库 volunteer 表中数据记录对应的实体类。在工程 szpt.EasyGo.dataclass 包中创建类 volunteerEntity，编写代码如下所示。

```java
package szpt.easygo.dataclass;
public class volunteerEntity {
    String actName=null;
    String actTime=null;
    String actPerson=null;
    int actNum=0;
    int overNum=0;
    String actInfo=null;

    public String getActName() {
        return actName;
    }
    public void setActName(String actName) {
        this.actName = actName;
    }
    public String getActTime() {
        return actTime;
    }
```

第 8 章 数据库与网络编程综合应用实例

```java
        public void setActTime(String actTime) {
            this.actTime = actTime;
        }
        public String getActPerson() {
            return actPerson;
        }
        public void setActPerson(String actPerson) {
            this.actPerson = actPerson;
        }
        public int getActNum() {
            return actNum;
        }
        public void setActNum(int actNum) {
            this.actNum = actNum;
        }
        public int getOverNum() {
            return overNum;
        }
        public void setOverNum(int overNum) {
            this.overNum = overNum;
        }
        public String getActInfo() {
            return actInfo;
        }
        public void setActInfo(String actInfo) {
            this.actInfo = actInfo;
        }
}
```

2. 创建工厂类 volunteerFactory

在工程 szpt.EasyGo.dataclass 包中创建类 volunteerFactory，该类实现了从数据库表到 java 对象列表的转换，编写代码如下所示。

```java
package szpt.easygo.dataclass;
import java.sql.ResultSet;
import java.sql.SQLException;
import java.util.ArrayList;
import java.util.List;

public class volunteerFactory {
    private List volList=new ArrayList();
    public volunteerFactory(String querySql){
        try{
            CommonADO con=CommonADO.getCommonADO();
            ResultSet rs=con.executeSelect(querySql);
            while(rs.next()){
                volunteerEntity volunteer=new volunteerEntity();
                volunteer.setActName(rs.getString("actName"));
                volunteer.setActTime(rs.getString("actTime"));
                volunteer.setActPerson(rs.getString("actPerson"));
                volunteer.setActNum(rs.getInt("actNum"));
```

```java
                    volunteer.setOverNum(rs.getInt("overNum"));
                    volunteer.setActInfo(rs.getString("actInfo"));
                    volList.add(volunteer);
                }
            }catch(SQLException e){
                e.printStackTrace();
            }
        }
        public List getVolList(){
            return volList;
        }
        public static boolean InsertDB(volunteerEntity newVolunteer){
            CommonADO con=CommonADO.getCommonADO();
            String querySql="select * from volunteer where actName='"+newVolunteer.getActName()+"'";
            String insertSql="insert into volunteer(actName,actTime,actPerson,actNum,overNum,actInfo) values('"+
                newVolunteer.getActName()+"','"+newVolunteer.getActTime()+"','"+newVolunteer.getActPerson()+"','"+
                newVolunteer.actNum+","+0+",'"+newVolunteer.getActInfo()+"')";
            ResultSet rs=con.executeSelect(querySql);
            try{
                if(!rs.next()){
                    con.executeUpdate(insertSql);
                    return true;
                }else
                    return false;
            }catch(SQLException e){
                e.printStackTrace();
            }
            return false;
        }
    }
```

表格内容提供器与标签提供器的实现如下。

```java
    private class TableLabelProvider extends LabelProvider implements ITableLabelProvider {
        public Image getColumnImage(Object element, int columnIndex) {
            return null;
        }
        public String getColumnText(Object element, int columnIndex) {
            volunteerEntity oneVolunteer=(volunteerEntity)element;
            if(columnIndex==0)
                return oneVolunteer.getActName();
            if(columnIndex==1)
                return oneVolunteer.getActTime();
            if(columnIndex==2)
                return oneVolunteer.getActPerson();
            if(columnIndex==3)
                return oneVolunteer.getActNum()+"";
            if(columnIndex==4)
                return oneVolunteer.getOverNum()+"";
```

第8章 数据库与网络编程综合应用实例

```
            return null;
        }
    }
    private static class ContentProvider implements IStructuredContentProvider {
        public Object[] getElements(Object inputElement) {
            volunteerFactory volunteersFactory=(volunteerFactory)inputElement;
            return volunteersFactory.getVolList().toArray();
        }
        public void dispose() {
        }
        public void inputChanged(Viewer viewer, Object oldInput, Object newInput) {
        }
    }
```

8.5.2 义工活动【加入群聊】功能的实现

基本思路：在义工模块界面中单击【加入群聊】工具项时，如果在列表中有被选中的义工活动，那么就将选择义工活动的用户加入到群聊列表中，并且系统给出提示信息；如果没有被选中的义工活动，那么也将弹出提示信息；当用户在义工模块界面中单击【任务发布】，首先判断发布人是否已经完成了邮箱验证，如果发布人完成了邮箱验证，工具项弹出任务发布界面，并且可以在这个界面输入义工项目的基本信息并单击【发布】后，系统向数据库中写入义工活动，并更新义工模块界面，使活动列表改变。

为【加入群聊】按钮添加事件处理，实现社交界面的更新及义工活动界面状态更改，代码如下。

```
button.addSelectionListener(new SelectionAdapter() {
        @Override
        public void widgetSelected(SelectionEvent e) {
            int Index=table.getSelectionIndex();
            if(Index!=-1){
            volunteerEntity volunteers=(volunteerEntity)table.getItem(Index).getData();

            CommonADO commonDB=CommonADO.getCommonADO();
            rs=commonDB.executeSelect("select * from volunteer where
actName='"+volunteers.getActName()+"'");

            if(GroupFactory.insertGroupTalk(volunteers.getActName(),name))
            {
                    MessageDialog.openInformation(easygoMainShell.this, " 信 息 提 示 "," 加 入
"+volunteers.getActName()
                    +"成功!! \n 请于社交板块查看你所加入的群聊");
            GroupEntity group=new GroupEntity();
            group.setGroupName(volunteers.getActName());
            group.setUserName(easygoMainShell.name);
            group.setOnlineType("1");
            easygoMainShell.setTableViewer(group);
            }else
                {MessageDialog.openError(easygoMainShell.this, " 信 息 提 示 "," 你 已 加 入
```

```
                        "+volunteers.getActName()+"的群聊");
                    }



                }else{
                    MessageDialog.openInformation(getShell(), "警告", "请选择一项活动");
                }}
            });
```

8.5.3 义工活动发布的实现

1. 义工活动发布界面的设计

在工程的 szpt. easygo.visualclass 包中创建 visual class 类，命名为 VolunteerMission，界面设计参考图 8.12，主要控件的命名参考表 8.9。

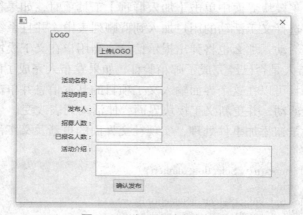

图 8.12 义工活动发布界面

表 8.9 活动发布界面主要控件的设置

控件	对象名	说明
活动名称输入框	textName	用于输入活动的活动名称
活动时间输入框	textTime	用于输入活动的时间
活动发布人输入框	textPerson	用于输入活动的发布人
活动招募人数输入框	textNum	用于输入活动的招募人数
活动已招募人数输入框	textANum	用于输入活动的已招募人数
活动简介输入框	textIntroduction	用于输入活动简介
【上传 LOGO】按钮	btnlogo	单击该按钮，活动 LOGO 的上传
【确认发布】按钮	button	单击该按钮，实现义工活动的发布

2. 为【任务发布】按钮添加事件处理

实现用户验证的判断和义工活动界面状态更改，代码如下。

```
button_1.addSelectionListener(new SelectionAdapter() {
    @Override
    public void widgetSelected(SelectionEvent e) {
        CommonADO commonDB=CommonADO.getCommonADO();
        ResultSet rst=commonDB.executeSelect("select * from userList where name='"+userName+"' and stat='ok'");
        try {
            if(rst.next()){
                new VolunteerMission(Display.getDefault()).open();
            }else{
                MessageDialog.openInformation(getShell(), "提示","请先进行邮箱认证，才可以发布任务");
            }
        } catch (SQLException e1) {
            // TODO Auto-generated catch block
            e1.printStackTrace();
        }
    }
});
```

3.【确认发布】按钮的实现

实现义工活动界面的更新及相关数据库表的更新，代码如下。

```
button.addSelectionListener(new SelectionAdapter() {
    @Override
    public void widgetSelected(SelectionEvent e) {
        volunteerEntity newVolunteer=new volunteerEntity();
        newVolunteer.setActName(textName.getText());
        newVolunteer.setActTime(textTime.getText());
        newVolunteer.setActNum(Integer.parseInt(textNum.getText()));
        newVolunteer.setActInfo(textIntroduction.getText());
        newVolunteer.setActPerson(textPerson.getText());
        GroupEntity group=new GroupEntity();
        group.setGroupName(textName.getText());
        group.setUserName(easygoMainShell.name);
        group.setOnlineType("1");
        if(volunteerFactory.InsertDB(newVolunteer)){
            easygoMainShell.setTableViewer(newVolunteer);
        }
        GroupFactory.insertGroup(textName.getText().trim());
        if(GroupFactory.insertGroupTalk(textName.getText().trim(),easygoMainShell.name))
        {
            MessageDialog.openInformation(VolunteerMission.this, "信息提示","您成功发布了"+textName.getText().trim()
                +"的活动\n 请于社交板块查看所开创的群聊");
            easygoMainShell.setTableViewer(group);
        }
```

213

```
                VolunteerMission.this.close();
            }
        });
```

- 上传 LOGO 按钮的实现参照注册界面的上传头像代码，详见 8.7 节。

8.6 信息公告模块的设计与实现

系统要求在信息公告界面显示当前已经发布的公告信息，同时实现公告信息的修改与添加功能。公告信息的实现思路基本与义工活动的相同。

8.6.1 信息公告表格数据的显示

1. 创建实体类 NewsEntity

NewsEntity 类是与数据库 news 表中数据记录对应的实体类。在工程 szpt.EasyGo.dataclass 包中创建类 NewsEntity，编写代码如下所示。

```java
package szpt.easygo.dataclass;
public class NewsEntity {
    private int id;
    private String name;
    private String title;
    private String time;
    private String location;
    public int getId(){
        return id;
    }
    public void setId(int id){
        this.id = id;
    }
    public String getName() {
        return name;
    }
    public void setName(String name) {
        this.name = name;
    }
    public String getTitle() {
        return title;
    }
    public void setTitle(String title) {
        this.title = title;
    }
    public String getTime() {
        return time;
    }
    public void setTime(String time) {
        this.time = time;
    }
    public String getLocation() {
        return location;
```

```
    }
    public void setLocation(String location) {
        this.location = location;
    }
}
```

2. 创建工厂类 NewsFactory

在工程 szpt.EasyGo.dataclass 包中创建类 NewsFactory，编写代码如下所示。

```
package szpt.easygo.dataclass;
import java.sql.ResultSet;
import java.sql.SQLException;
import java.util.*;

public class NewsFactory {
    private List<NewsEntity> list =new ArrayList<NewsEntity>();
    public NewsFactory(){
        CommonADO con=CommonADO.getCommonADO();
        String sql="select * from systemDB.dbo.news";
        ResultSet rs=con.executeSelect(sql);
        try {
            while(rs.next()){
                NewsEntity news =new NewsEntity();
                news.setId(rs.getInt("id"));
                news.setName(rs.getString("name"));
                news.setTitle(rs.getString("title"));
                news.setTime(rs.getString("time"));
                news.setLocation(rs.getString("location"));
                list.add(news);
            }
        } catch (SQLException e) {
            // TODO Auto-generated catch block
            e.printStackTrace();
        }
    }
    public List<NewsEntity> getList(){
        return list;
    }
}
```

3. 表格内容提供器与标签提供器的实现

```
private class TableLabelProvider_2 extends LabelProvider implements ITableLabelProvider {
    public Image getColumnImage(Object element, int columnIndex) {
        return null;
    }
    public String getColumnText(Object element, int columnIndex) {
        NewsEntity news=(NewsEntity)element;
        if(columnIndex==0)
            return news.getName();
        if(columnIndex==1)
            return news.getTitle();
```

```
                    if(columnIndex==2)
                        return news.getTime();
                    if(columnIndex==3)
                        return news.getLocation();
                    return null;
                }
            }
            private static class ContentProvider_2 implements IStructuredContentProvider {
                public Object[] getElements(Object inputElement) {
                    NewsFactory factory=(NewsFactory)inputElement;
                    return factory.getList().toArray();
                }
                public void dispose() {
                }
                public void inputChanged(Viewer viewer, Object oldInput, Object newInput) {
                }
            }
```

8.6.2 信息公告的发布实现

基本思路：在信息公告模块界面中单击【公告修改】工具项时，如果在列表中有被选中的信息公告，那么就开始判断修改人是否是公告信息的发布者，如果是则系统给出提示信息，并且打开公告修改界面；如果没有被选中的公告信息，那么也将弹出提示信息；当用户在信息公告模块界面中单击【公告发布】工具项时，首先判断发布人是否已经完成了邮箱验证，如果发布人完成了邮箱验证，则弹出任务发布界面，并且可以在这个界面输入公告信息并单击【发布】后，系统向数据库中写入公告信息，并更新公告信息模块界面，使活动列表改变。

1．公告发布界面的设计

在工程的 szpt.easygo.visualclass 包中创建 visual class 类，命名为 sendNews，界面设计参考图 8.13，主要控件的命名参考表 8.10。

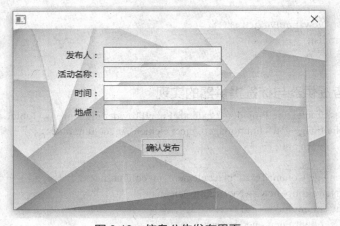

图 8.13　信息公告发布界面

第 8 章　数据库与网络编程综合应用实例

表 8.10　活动发布界面主要控件的设置

控件	对象名	说明
活动发布人输入框	actPeople	用于输入活动的发布人
活动名称输入框	actName	用于输入活动的活动名称
活动时间输入框	actTime	用于输入活动的时间
活动地点输入框	actSpot	用于输入活动的地点
【确认发布】按钮	button	单击该按钮，实现活动的发布

2. 为【公告发布】按钮添加事件处理

实现公告界面的更新及公告活动界面状态更改，代码如下。

```java
btnNewButton.addSelectionListener(new SelectionAdapter() {
    @Override
    public void widgetSelected(SelectionEvent e) {
        CommonADO commonDB=CommonADO.getCommonADO();
        ResultSet rst=commonDB.executeSelect("select * from userList where name='"+userName+"' and stat='ok'");
        try {
            if(rst.next()){
                new sendNews(Display.getDefault()).open();
            }else{
                MessageDialog.openInformation(getShell(), "提示","请先进行邮箱认证，才可以发布任务");
            }
        } catch (SQLException e1) {
            // TODO Auto-generated catch block
            e1.printStackTrace();
        }
    }
});
```

3.【确认发布】按钮的实现

实现公告界面的更新及公告活动界面状态更改，还有数据库的更新，代码如下。

```java
button.addSelectionListener(new SelectionAdapter() {
    @Override
    public void widgetSelected(SelectionEvent e) {
        String people =actPeople.getText();
        String title =actName.getText();
        String time =actTime.getText();
        String spot =actSpot.getText();
        if(people!=null&&title!=null&&time!=null&&spot!=null){
            Connection con =CommonADO.getCommonADO().getConn();
            try {
                PreparedStatement preStatement =con.prepareStatement("insert into systemDB.dbo.news values(?,?,?,?) ");
                preStatement.setString(1, people);
                preStatement.setString(2, title);
                preStatement.setString(3, time);
```

```
                            preStatement.setString(4, spot);
                            preStatement.executeUpdate();
                            //更新表格
                            easygoMainShell.refreshNews();
                            sendNews.this.close();
                        } catch (SQLException e1) {
                            // TODO Auto-generated catch block
                            e1.printStackTrace();
                        }
                    }else{
                        MessageDialog.openError(sendNews.this, "警告","信息不能有空！！！ ");
                    }
});
```

8.6.3 信息公告修改的实现

1. 公告修改界面的设计

在工程的 szpt.easygo.visualclass 包中创建 visual class 类，命名为 changeNews，界面设计参考图 8.14，主要控件的命名参考表 8.11。

图 8.14 信息修改界面

表 8.11 活动修改界面主要控件的设置

控件	对象名	说明
活动发布人输入框	actPeople	用于输入活动的发布人
活动名称输入框	actName	用于输入活动的活动名称
活动时间输入框	actTime	用于输入活动的时间
活动地点输入框	actSpot	用于输入活动的地点
【确认发布】按钮	button	单击该按钮，实现活动的修改

2. changeNews 构造器方法的修改

由于要将选定的消息公告传入修改界面，所以要将构造器进行一定的修改，增加代码如下：

```
public changeNews(Display display,int id) {
    this.id= id;
```

3. 创建 showNewsData()方法

由于修改数据需要将数据加载进来，所以需要创建一个 showNewsData()方法，并在构造器的最后面调用这个方法，代码如下。

```java
public void showNewsData(){
    CommonADO con =CommonADO.getCommonADO();
    ResultSet rs =con.executeSelect("select * from systemDb.dbo.news where id="+id);
    try {
        if(rs.next()){
            actPeople.setText(rs.getString("name"));
            actName.setText(rs.getString("title"));
            actTime.setText(rs.getString("time"));
            actSpot.setText(rs.getString("location"));
        }
    } catch (SQLException e) {
        // TODO Auto-generated catch block
        e.printStackTrace();
    }
}
```

4. 为【公告修改】按钮添加事件处理

实现公告界面的更新及公告活动界面状态更改，代码如下。

```java
button_6.addSelectionListener(new SelectionAdapter() {
    @Override
    public void widgetSelected(SelectionEvent e) {
        int index =table_2.getSelectionIndex();
        if(index!=-1){
            NewsEntity news =(NewsEntity)table_2.getItem(index).getData();
            if(!(news.getName().equals(name))){
                MessageDialog.openError(easygoMainShell.this, "警告", "你不是此公告的发布人，无法修改！！！");
            }else{
                new changeNews(Display.getDefault(),news.getId()).open();
            }
        }else{
            MessageDialog.openError(easygoMainShell.this," 警告 ", "请选择一项公告！！！");
        }
    }
});
```

5.【确认修改】按钮的实现

实现公告界面的更新及公告活动界面状态更改，还有数据库的更新，代码如下。

```java
button.addSelectionListener(new SelectionAdapter() {
    @Override
    public void widgetSelected(SelectionEvent e) {
        String people =actPeople.getText();
        String title =actName.getText();
        String time =actTime.getText();
        String spot =actSpot.getText();
        if(people!=null&&title!=null&&time!=null&&spot!=null){
```

```java
                    Connection con =CommonADO.getCommonADO().getConn();
                    try {
                        PreparedStatement    preStatement    =con.prepareStatement("update systemDB.dbo.news set name=?,title=?,time=?,location=? where id ="+id);
                        preStatement.setString(1, people);
                        preStatement.setString(2, title);
                        preStatement.setString(3, time);
                        preStatement.setString(4, spot);
                        preStatement.executeUpdate();
                        //更新表格
                        easygoMainShell.refreshNews();
                        changeNews.this.close();
                    } catch (SQLException e1) {
                        // TODO Auto-generated catch block
                        e1.printStackTrace();
                    }
                                }else{
                    MessageDialog.openError(changeNews.this, "警告","信息不能有空！" );
                }
            }
        });
```

8.7 用户注册界面的设计与实现

1. 注册界面的设计

在工程的 szpt. easygo.visualclass 包中创建 visual class 类，命名为 Regedit，界面设计参考图 8.15，主要控件的命名参考表 8.12。

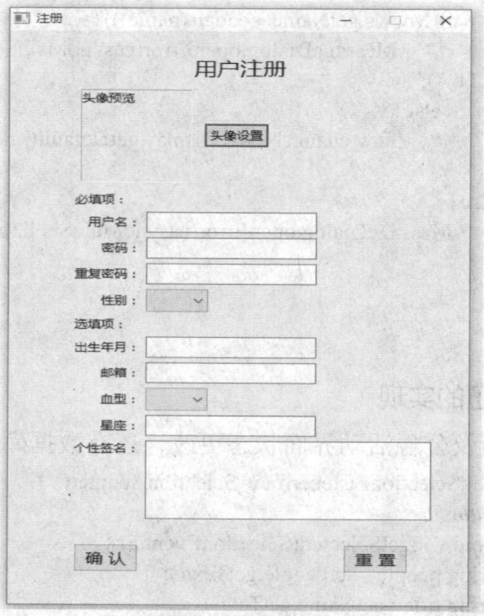

图 8.15 注册界面

第 8 章　数据库与网络编程综合应用实例

表 8.12　注册界面主要控件的设置

控件	对象名	说明
用户名	textName	用于输入注册的用户名
密码	textPass	用于输入注册的密码
密码重复	textRePass	用于重复输入注册的密码
性别	comboSex	用于输入注册的性别
生日	textDate	用于输入注册的生日
邮箱	textMail	用于输入注册的邮箱
血型	comboType	用于输入注册的血型
星座	textStar	用于输入注册的星座
个性签名	textMyself	用于输入注册的个性签名
【确认】按钮	button_1	确认注册信息
【重置】按钮	button_2	重置注册信息
【头像设置】按钮	button	设置头像
头像预览	labelPhoto	头像预览

2. 头像预览的设计

将 labelPhoto 的 border 属性改为 true，然后将 text 改为 "头像预览"。

3. 性别和血型的设置

性别和血型的设置参考图 8.16 和图 8.17。

图 8.16　性别属性设置　　图 8.17　血型属性设置

4.【头像设置】按钮的实现

头像设置按钮的实现包括窗口的实现和图片的处理。

```java
button.addSelectionListener(new SelectionAdapter() {
    @Override
    public void widgetSelected(SelectionEvent e) {
        FileDialog fDialog=new FileDialog(getShell(),SWT.SAVE);
        fDialog.setFilterExtensions(new String[]{"*.jpg","*.JPG"});
        fDialog.setFilterNames(new String[]{"jpeg 文件（*.jpg）",
                "JPEG 文件（*.JPEG）"});
        String picName=fDialog.open();
        String   saveName=textName.getText().trim();
        userPic="picture/"+saveName+".jpg";

        if(picName!=null&&!"".equals(picName)&&saveName!=null&&!"".equals(saveName)){
            try{
                FileInputStream fis=new FileInputStream(picName);
                FileOutputStream fos=new FileOutputStream(userPic);
                int b=fis.read();
                while(b!=-1){
                    fos.write(b);
                    b=fis.read();
                }
                fos.close();
                fis.close();
                Image image=new Image(getDisplay(),userPic);
                ImageData data=image.getImageData();
                data=data.scaledTo(100, 120);
                image=new Image(getDisplay(),data);
                labelPhoto.setImage(image);
            }catch(Exception e1){
                e1.printStackTrace();
            }
        }
        else{
            MessageDialog.openInformation(getShell(), "信息提示", "没有输姓名或者没有选择上传照片，"
                    + "请重新上传照片");
        }
    }
});
```

5.【确认】按钮的实现

```java
button_1.addSelectionListener(new SelectionAdapter() {
    @Override
    public void widgetSelected(SelectionEvent e) {
        String Name=textName.getText().trim();
        String Pass=textPass.getText().trim();
        String RePass=textRePass.getText().trim();
        String sex=comboSex.getText().trim();
        String Date=textDate.getText().trim();
```

```java
                String mail=textMail.getText().trim();
                String blood=comboType.getText().trim();
                String star=textStar.getText().trim();
                String Info=textMyself.getText().trim();
                if(!Pass.equals(RePass)){
                    MessageDialog.openWarning(getShell(), "警告", "输入的两次密码不相同");
                    textPass.setText("");
                    textRePass.setText("");
                }else{
                    String queryStr="select * from userList where name='"+Name+"'";
                    String  insertStudent="insert into userList values('"+Name+"','"+Pass+"','"+sex+"','"+star+"','"+blood+"','"+Date+"','"+Info+"','"+mail+"','"+userPic+"','"+"not"+"')";
                    String inserUserState="insert into UserState values('"+Name+"','"+1+"')";
                    CommonADO dbConnect=CommonADO.getCommonADO();
                    ResultSet rs=dbConnect.executeSelect(queryStr);
                    
                    try{
                        if(rs.next())
                            MessageDialog.openInformation(getShell(), "信息提示", "该用户已存在，不能重复注册！");
                        else if(dbConnect.executeUpdate(insertStudent)>0){
                            dbConnect.executeUpdate(inserUserState);
                            MessageDialog.openInformation(getShell(), "信息提示", "注册成功");
                            }
                    }catch(SQLException e1){
                        e1.printStackTrace();
                    }
                }
            }
        });
```

6.【重置】按钮的实现

```java
Button button_2 = new Button(this, SWT.NONE);
        button_2.addSelectionListener(new SelectionAdapter() {
            @Override
            public void widgetSelected(SelectionEvent e) {
                
                textName.setText("");
                textPass.setText("");
                textRePass.setText("");
                textDate.setText("");
                textMail.setText("");
                textStar.setText("");
                textMyself.setText("");
                comboType.deselectAll();
                comboSex.deselectAll();
                labelPhoto.setText("头像预览");
            }
        });
```

8.8 用户数据界面的设计与实现

1. 注册界面的设计

在工程的 szpt.easygo.visualclass 包中创建 visual class 类，命名为 StudentMessage，界面设计参考图 8.18，主要控件的命名参考表 8.13，并且在主界面的个人信息栏添加跳转，代码如下。

```
menuItem.addSelectionListener(new SelectionAdapter() {
    @Override
    public void widgetSelected(SelectionEvent e) {
        new StudentMessage(Display.getDefault()).open();
    }
});
```

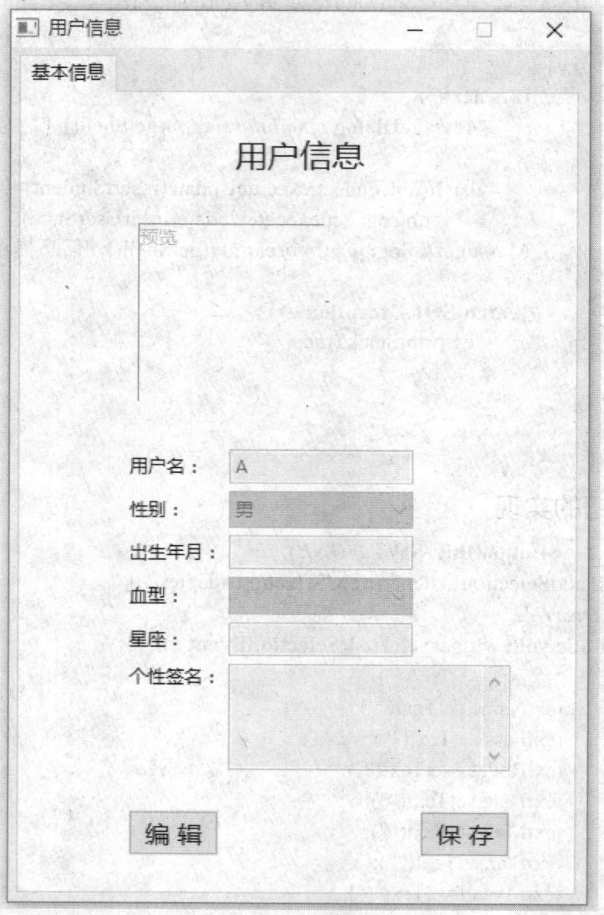

图 8.18 用户信息界面

第 8 章　数据库与网络编程综合应用实例

表 8.13　信息界面主要控件的设置

控件	对象名	说明
用户名	textName	用于输入注册的用户名
性别	comboSex	用于输入注册的性别
生日	textDate	用于输入注册的生日
血型	comboType	用于输入注册的血型
星座	textStar	用于输入注册的星座
个性签名	textMyself	用于输入注册的个性签名
【编辑】按钮	button_1	确认注册信息
【保存】按钮	button_2	重置注册信息
【头像上传】按钮	button	头像上传（位于头像预览的右侧）
头像预览	labelPhoto	头像预览

2. 信息界面控件的设计

除了按钮和头像预览，其余所有控件的 enabled 属性全部设置成 false。

3. 信息界面信息的导入

在构造器方法的最后，加入从数据库导入数据的代码，代码如下。

```java
String queryStr="select * from userList where name='"+easygoMainShell.getUserName()+"'";
    ResultSet rssm=null;
    CommonADO dbConnect=CommonADO.getCommonADO();
    rssm=dbConnect.executeSelect(queryStr);
    try {
        while(rssm.next()){
            textName.setText(rssm.getString("name"));
            comboSex.setText(rssm.getString("sex"));
            if(rssm.getString("constellation")!=null)
            textStar.setText(rssm.getString("constellation"));
            if(rssm.getString("bloodType")!=null)
            comboType.setText(rssm.getString("bloodType"));
            if(rssm.getString("brithDate")!=null)
            textDate.setText(rssm.getString("brithDate"));
            if(rssm.getString("info")!=null)
            textMyself.setText(rssm.getString("info"));
            if(rssm.getString("pic")!=null)
            if(!(rssm.getString("pic").equalsIgnoreCase("null"))){
                Image image=new Image(getDisplay(),rssm.getString("pic"));
                ImageData data=image.getImageData();
                data=data.scaledTo(100, 120);
                image=new Image(getDisplay(),data);
                labelPhoto.setImage(image);
            }
        }
```

```java
        } catch (SQLException e) {
            // TODO Auto-generated catch block
            e.printStackTrace();
        }
```

4.【头像上传】按钮的实现

```java
button.addSelectionListener(new SelectionAdapter() {
            @Override
            public void widgetSelected(SelectionEvent e) {
                FileDialog fDialog=new FileDialog(getShell(),SWT.SAVE);
                fDialog.setFilterExtensions(new String[]{"*.jpg","*.JPG"});
                fDialog.setFilterNames(new String[]{"jpeg 文件（*.jpg）",
                        "JPEG 文件（*.JPEG）"});
                String picName=fDialog.open();
                String  saveName=textName.getText().trim();
                userPic="picture/"+saveName+".jpg";
        if(picName!=null&&!"".equals(picName)&&saveName!=null&&!"".equals(saveName)){
                try{
                    FileInputStream fis=new FileInputStream(picName);
                    FileOutputStream fos=new FileOutputStream(userPic);
                    int b=fis.read();
                    while(b!=-1){
                        fos.write(b);
                        b=fis.read();
                    }
                    fos.close();
                    fis.close();
                    Image image=new Image(getDisplay(),userPic);
                    ImageData data=image.getImageData();
                    data=data.scaledTo(100, 120);
                    image=new Image(getDisplay(),data);
                    labelPhoto.setImage(image);
                }catch(Exception e1){
                    e1.printStackTrace();
                }
            }
        }
    });
```

5.【编辑】按钮的实现

```java
button_1.addSelectionListener(new SelectionAdapter() {
            @Override
            public void widgetSelected(SelectionEvent e) {
                comboSex.setEnabled(true);
                comboType.setEnabled(true);
                textDate.setEnabled(true);
                textStar.setEnabled(true);
                textMyself.setEnabled(true);
                buttonCancel.setVisible(true);
```

第 8 章　数据库与网络编程综合应用实例

```java
                    button.setVisible(true);
                    button.setEnabled(true);
                }
            });
            button_1.setFont(SWTResourceManager.getFont("微软雅黑", 12, SWT.NORMAL));
            button_1.setText(" \u7F16 \u8F91 ");
            buttonCancel = new Button(composite, SWT.NONE);
            buttonCancel.addSelectionListener(new SelectionAdapter() {
                @Override
                public void widgetSelected(SelectionEvent e) {
                    String sqlQuer="";
                    CommonADO con=CommonADO.getCommonADO();
                    ResultSet rs=con.executeSelect(sqlQuer);
                    try {
                        while(rs.next()){
                            textName.setText(rs.getString("name"));
                            if(rs.getString("sex").equals("男")){
                                comboSex.select(1);
                            }else{
                                comboSex.select(2);
                            }
                            textStar.setText(rs.getString("constellation"));
                            comboType.setText(rs.getString("bloodType"));
                            textDate.setText(rs.getString("brithDate"));
                            textMyself.setText(rs.getString("info"));
                            if(!(rs.getString("pic").equalsIgnoreCase("null"))){
                                Image image=new Image(getDisplay(),rs.getString("pic"));
                                ImageData data=image.getImageData();
                                data=data.scaledTo(100, 120);
                                image=new Image(getDisplay(),data);
                                labelPhoto.setImage(image);
                            }
                        }
                    } catch (SQLException e1) {
                        // TODO Auto-generated catch block
                        e1.printStackTrace();
                    }
                    comboSex.setEnabled(false);
                    comboType.setEnabled(false);
                    textDate.setEnabled(false);
                    textStar.setEnabled(false);
                    textMyself.setEnabled(false);
                    buttonCancel.setVisible(false);
                }
            });
```

6．【保存】按钮的实现

```java
        button_2.addSelectionListener(new SelectionAdapter() {
            @Override
            public void widgetSelected(SelectionEvent e) {
                String sex=comboSex.getText().trim();
```

```
                String Date=textDate.getText().trim();

                String blood=comboType.getText().trim();
                String star=textStar.getText().trim();
                String Info=textMyself.getText().trim();

                String    update="update userList set sex='"+sex+"', brithDate='"+Date+"', constellation='"+star+
                          "', bloodType='"+blood+"', info='"+Info+"', pic='"+userPic+"' where name='"+textName.getText()+"'";
                CommonADO dbConnect=CommonADO.getCommonADO();
                if(dbConnect.executeUpdate(update)>0){
                    MessageDialog.openInformation(getShell(), "提示", "修改成功");
                    textMyself.setEnabled(false);
                    textDate.setEnabled(false);
                    textStar.setEnabled(false);
                    comboType.setEnabled(false);
                    comboSex.setEnabled(false);
                    button.setEnabled(false);
                    buttonCancel.setVisible(false);
                    button.setVisible(false);
                }
            }
        });
```

8.9 邮箱验证的设计与实现

8.9.1 验证界面的实现

1. 验证界面的设计

在工程的 szpt. easygo.visualclass 包中创建 visual class 类，命名为 Recongize，界面设计参考图 8.19，主要控件的命名参考表 8.14，并且在主界面的资格认证栏添加跳转，代码如下。

```
                menuItem_1.addSelectionListener(new SelectionAdapter() {
                    @Override
                    public void widgetSelected(SelectionEvent e) {
                        new Recongize(Display.getDefault()).open();
                    }
                });
```

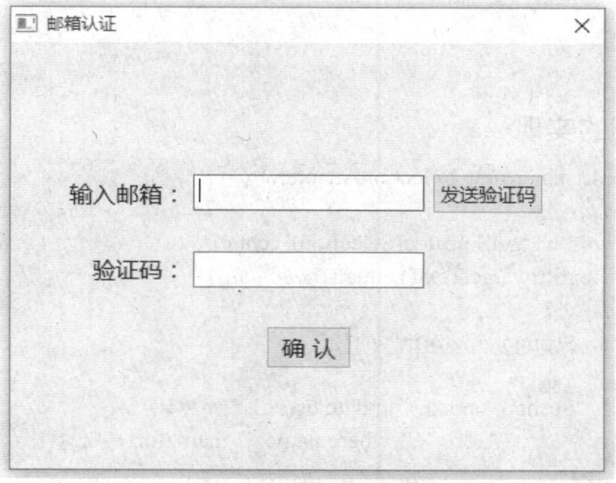

第 8 章　数据库与网络编程综合应用实例

图 8.19　用户验证界面

表 8.14　验证界面主要控件的设置

控件输入栏	对象名	说明
邮箱地址	textMail	用于输入验证邮箱
验证码输入栏	textProve	用于输入码
【发送验证码】按钮	button	用于发送验证信息
【确认】按钮	button_1	用于确认验证

2.【发送验证码】按钮的实现

```
button.addSelectionListener(new SelectionAdapter() {
        @Override
        public void widgetSelected(SelectionEvent e) {
            String queryStr="select * from userList where name='"+namefort+
                    "' and stat='ok'";
            ResultSet rs=dbConnect.executeSelect(queryStr);
            try {
                if(rs.next()){
                    MessageDialog.openInformation(getShell(), "信息提示",
                            "该用户已验证，不能重复验证！");
                }else{
                    int num=(int)((Math.random()*9+1)*100000);
                    tempnum=num+"";
                        System.out.println(tempnum);
                    SendmailUtil se = new SendmailUtil();
                     se.doSendHtmlEmail("验证的信息","我希望你能尽快验证，这是验证码："+tempnum,textMail.getText().trim());
                }
            }catch (SQLException e1) {
                // TODO Auto-generated catch block
                e1.printStackTrace();
            }
```

```
            }
        });
```

3.【确认】按钮的实现

```
button_1.addSelectionListener(new SelectionAdapter() {
            @Override
            public void widgetSelected(SelectionEvent e) {
                if(textProve.getText().equals(tempnum)){

                    String namefort="test";

                    String   update="update userList set stat=
                                   '"+"ok"+"' where name='"+namefort+"'";
                    try{
                            if(dbConnect.executeUpdate(update)>0){
                                   MessageDialog.openInformation(getShell(),
                                                "提示","验证成功");
                            }
                    }catch(Exception e2){
                                   e2.printStackTrace();
                    }
                }else{MessageDialog.openInformation(getShell(), "提示","验证失败");}
            }
        });
```

8.9.2 验证功能的实现

1. JavaMail 的介绍

JavaMail 是 Sun 公司为方便 Java 开发人员在应用程序中实现邮件发送和接收功能而提供的一套标准开发包，它支持一些常用的邮件协议，如 SMTP、POP3、IMAP。

开发人员使用 JavaMail API 编写邮件处理软件时，无须考虑邮件协议的底层实施细节，只要调用 JavaMail 开发包中相应的 API 类就可以了。核心 API 的介绍如下。

（1）Message

Message 类是创建和解析邮件的核心 API，它的实例对象代表一封电子邮件。在客户端发送邮件时，先创建邮件的 API，将创建的邮件的数据封装到 Message 对象中，然后把这个对象传递给邮件发送 API 发送出去。在客户端接收到邮件时，邮件接收 API 并把接收的油价数据装在 Message 的实例对象中，客户端在使用邮件解析 API 从这个对象中解析出来接收到的邮件数据。

（2）Session

Session 类用于定义整个应用程序所需的环境信息，以及收集客户端与邮件服务器建立网络连接的会话信息，如邮件服务器的主机名、端口号、采用的邮件发送和接收协议等。Session 对象根据这些会话信息构建邮件收发的 Store 和 Transport 对象，以及为客户端创建 Message 对象提供信息支持。

（3）Transport

Transport 类是发送邮件的核心 API 类，它的实例对象，代表实现了某个邮件发送协议的邮件发送对象，例如 SMTP 协议。客户端程序创建好 Message 对象后，只需要使用邮件发送 API 得到 Transport 对象，然后把 Message 对象传递给 Transport 对象，并调用它的发送方法，就可以把邮件发送给指定的 SMTP 服务器。

（4）Store

Store 类是接收邮件的核心 API 类，它的实例对象代表实现某个邮件接收协议的邮件接收对象，例如 POP3 和 IMAP 协议。客户端程序接收邮件时，只需要使用邮件接收 API 得到 Store 对象，然后调用 Store 对象的接收方法，就可以从指定的 POP3 服务器中获得邮件数据，并把这些邮件数据封装到表示邮件的 Message 对象中。

2．验证功能的实现

首先需要导入 javax.mail 和 javax.mail.internet 的 jar 包。在工程的 szpt.easygo.dataclass 包中创建 class 类，命名为 SendmailUtil，具体实现代码如下。

```java
public class SendmailUtil {

    // 设置服务器
    private static String KEY_SMTP = "mail.smtp.host";
    private static String VALUE_SMTP = "smtp.sina.com";
    // 服务器验证
    private static String KEY_PROPS = "mail.smtp.auth";
    private static boolean VALUE_PROPS = true;
    // 发件人用户名、密码
    private String SEND_USER = "fengweizut@sina.com";
    private String SEND_UNAME = "fengweizut";
    private String SEND_PWD = "asd123321";
    // 建立会话
    private MimeMessage message;
    private Session s;

    /*
     * 初始化方法
     */
    public SendmailUtil() {
        Properties props = System.getProperties();
        props.setProperty(KEY_SMTP, VALUE_SMTP);
        props.put(KEY_PROPS, "true");

        s = Session.getDefaultInstance(props, new Authenticator(){
            protected PasswordAuthentication getPasswordAuthentication() {
                return new PasswordAuthentication(SEND_UNAME, SEND_PWD);
            }});
        s.setDebug(true);
        message = new MimeMessage(s);
    }

    public void doSendHtmlEmail(String headName, String sendHtml,
```

```
                    String receiveUser) {
        try {
            // 发件人
            InternetAddress from = new InternetAddress(SEND_USER);
            message.setFrom(from);
            // 收件人
            InternetAddress to = new InternetAddress(receiveUser);
            message.setRecipient(Message.RecipientType.TO, to);
            // 邮件标题
            message.setSubject(headName);
            String content = sendHtml.toString();
            // 邮件内容,也可以使纯文本"text/plain"
            message.setContent(content, "text/html;charset=gbk");
            message.saveChanges();
            Transport transport = s.getTransport("smtp");
            // smtp 验证，就是你用来发邮件的邮箱用户名密码
            transport.connect(VALUE_SMTP, SEND_UNAME, SEND_PWD);
            // 发送
            transport.sendMessage(message, message.getAllRecipients());
            transport.close();
            System.out.println("send success!");
        } catch (AddressException e) {
            // TODO Auto-generated catch block
            e.printStackTrace();
        } catch (MessagingException e) {
            e.printStackTrace();
        }
    }
}
```

8.10 网络连接的设计与实现

8.10.1 网络连接的实现方式

实现网络连接主要有两种方式，TCP 和 UDP。TCP 是传输控制协议，也称为"基于数据流的套接字"，具有高度的可靠性，而缺点是开销大；UDP 称为用户数据报协议，优点是速度快，但由于它并不能保证数据报抵达的顺序与发送时的一样，因此是一种不可靠的协议，此项目的网络连接主要用于聊天，所以我们采用的是 TCP 协议。

8.10.2 网络连接的实现过程

实现 TCP 协议需要有两个角色，服务器和客户端，服务器的主要功能是监听来自客户的连接请求并建立连接，连接成功后即创建一个线程为客户端服务，服务器界面设计如图 8.20 所示。

实现步骤：新建一个工程名为 SZEasyGoServerV3.0（名字可改），在此项目下新建一个 Application 名为 ServerApp,界面控件如图 8.21 所示。

处理监听事件,实现端口监听,如有客户端连接则新建一个 ConnectSocket 类处理请求，代码如下。

第 8 章　数据库与网络编程综合应用实例

图 8.20　服务器界面

```
▼ ☐ shell - "多用户信息广播系统 服务器端"
      ☐ lblNewLabel - "监听端口："
      ☐ textPort - "5669"
      ☐ buttonStart - "开始监听"
      ☐ connectionArea
      ☐ notificationArea
```

图 8.21　ServerApp 界面控件

```java
        try {
                server=new ServerSocket(Integer.parseInt(textPort.getText()));
                notificationArea.append("系统提示服务器聊天系统正在启动……\n");
        } catch (NumberFormatException e1) {
                // TODO Auto-generated catch block
                e1.printStackTrace();
        } catch (IOException e1) {
                // TODO Auto-generated catch block
                notificationArea.append("服务器打开异常……\n");
                e1.printStackTrace();
        }
        if(server!=null)
        {
                csocket=new ConnectSocket();
                csocket.start();
        }
```

ConnectSocket 类实现了接收客户端的请求，并判断是否重名，如果没有则新建一个线程去处理客户端和服务器的交互，并把此客户端的名字加入 clients，否则断开连接。
clients 定义如下。

ArrayList<Client> clients=new ArrayList<Client>();
ConnectSocket 类代码如下。
class ConnectSocket extends Thread
　　{
　　　　public Socket socket=null;

233

```java
        public void run() {
            while(true)
            {
                try {
                    socket=server.accept();
                } catch (IOException e) {
                    // TODO Auto-generated catch block
                    e.printStackTrace();
                    notificationArea.append("用户连接服务器出错 。。\n");
                }
                if(socket!=null)
                {
                    this.appendInformation();
                }
            }
        }

        public void appendInformation() {
            // TODO Auto-generated method stub
            Display.getDefault().asyncExec(new Runnable(){

                @Override
                public void run() {
                    // TODO Auto-generated method stub
                    Client c=new Client(socket);
                    c.setName(currentClientname);
                    clients.add(c);
                    if(checkName(c))
                    {
                        c.start();
                    }
                    else
                    {
                        disconnect(c);
                    }
                }
            });
        }
```

客户端的连接过程代码如下。

```java
InetAddress ip=InetAddress.getByName("127.0.0.1");
    int port=5669;
    socket =new Socket(ip,port);
```

8.10.3 网络连接交互的逻辑实现

服务器端：每当有客户端连接就新建立一个线程为其服务，采取管道流的方式进行通信，利用 StringTokenizer 分离信息，代码如下。

```java
class Client extends Thread
{
    public Socket socket;//用于建立套接字
    public String name;//用于存储客户的连接姓名
    BufferedReader cin=null;//输入流成员
    PrintStream cout=null;//输出流成员
    boolean isRun=true;//用于控制线程运行状态

    //用于异步方法更新主界面中的图形组件
    public void appendInformation(String str)
    {
        final String str1=str;
        Display.getDefault().syncExec(new Runnable(){
            @Override
            public void run() {
                // TODO Auto-generated method stub
                connectionArea.append(str1);
            }
        });
    }

    public Client(Socket socket) {
        // TODO Auto-generated constructor stub
        this.socket=socket;
        try {
            cin=new BufferedReader(new InputStreamReader(socket.getInputStream()));
            cout=new PrintStream(socket.getOutputStream());
            String info=cin.readLine();
            StringTokenizer stinfo=new StringTokenizer(info,":");
            String head=stinfo.nextToken();
            this.name=stinfo.nextToken();
            currentClientname=this.name;
            connectionArea.append("系统信息：用户："+name+"已经连接\n");
        } catch (IOException e1) {
            // TODO Auto-generated catch block
            appendInformation("系统信息:用户连接出错\n");
            e1.printStackTrace();
        }
    }
    public void send(String msg) {
        // TODO Auto-generated method stub
        cout.println(msg);
        cout.flush();
    }
    public void run()
    {
        while(isRun)
        {
```

```java
                String str="";
                try {
                    str=cin.readLine();
                } catch (IOException e) {
                    // TODO Auto-generated catch block
                    appendInformation("系统信息:读取客户信息出错\n");
                    disconnect(this);
                    return;
                }
                StringTokenizer st=new StringTokenizer(str,":");
                String keyWord= st.nextToken();
                
                if(keyWord.equalsIgnoreCase("QUIT"))
                {
                    disconnect(this);
                    appendInformation(name+"断开连接\n");
                    send("QUIT");
                    isRun=false;
                }else if(keyWord.equalsIgnoreCase("MSG"))
                {
                    String groupName=st.nextToken();
                    String fromName=st.nextToken();
                    ArrayList<String> users=new ArrayList<String>();
                    String one=st.nextToken();
                    while(true)
                    {
                        if(one.equals("聊天信息"))break;
                        else{
                            users.add(one);
                            one=st.nextToken();
                        }
                    }
                    String InfoStr=st.nextToken();
                    String commond="MSG:"+groupName+":"+fromName+":"+InfoStr;
                    System.out.println("服务端发送"+commond);
                    sendClients(commond,users);
                }
                else if(keyWord.equals("(私聊)")){
                    for(int i =0;i<clients.size();i++){
                        Client client =clients.get(i);
                        client.send(str);
                    }
                }
            }
        }
    }
```

客户端的通信实现过程和服务器采用同新的方式，代码如下。

```java
class ReadMessageThread extends Thread
    {
        boolean isRun=true;
        String groupflag="";
        public void appendInformation(String str)
        {
            final String str1=str;
            Display.getDefault().syncExec(new Runnable(){
                @Override
                public void run() {
                    // TODO Auto-generated method stub
                    textIformation.append(str1);
                }
            });
        }
        public void diogloMessage(String groupName)
        {
            final String str2=groupName;
            Display.getDefault().syncExec(new Runnable(){
                @Override
                public void run() {
                    // TODO Auto-generated method stub
                    MessageDialog.openInformation(easygoMainShell.this, "信息提示", "您接收到了一条来自"+str2+"群的信息，请注意查收");
                }
            });
        }
        public void getflagGroup()
        {
            Display.getDefault().syncExec(new Runnable(){
                @Override
                public void run() {
                    // TODO Auto-generated method stub
                    groupflag=currentGroup.getText().trim();
                }
            });
        }
        public void run()
        {
            while(isRun)
            {
                String line="";
                System.out.println(line);
                try {
                    line=cin.readLine();
                } catch (IOException e) {
                    // TODO Auto-generated catch block
```

```java
              appendInformation("系统信息:读取服务器端信息出错\n");
}
StringTokenizer st=new StringTokenizer(line,":");
String keyWord= st.nextToken();
if(keyWord.equalsIgnoreCase("QUIT"))
{
            try {
                socket.close();
            } catch (IOException e) {
                // TODO Auto-generated catch block
                this.appendInformation("套接字关闭异常");
            }
            isRun=false;
}else if(keyWord.equalsIgnoreCase("MSG"))
{

      String groupName=st.nextToken();
      String fromName=st.nextToken();
      String information=st.nextToken();
      getflagGroup();
      if(groupName.equals(groupflag))
      {
           appendInformation("\n"+fromName+":"+information);
      }else
      {
           diogloMessage(groupName);
      }
}
else if(keyWord.equals("(私聊)")){
      System.out.println("此处: "+line);
      String groupName =st.nextToken();
      String fromName =st.nextToken();
      String toName =st.nextToken();
      String information =st.nextToken();
      getflagGroup();
      //本群
      if(groupName.equals(groupflag)){
          //本人发的信息
          if(fromName.equals(name)){
              appendInformation("\n"+fromName+":"+information);
          }
          //不是本人发的信息
          else{
              //发给自己时
              if(toName.equals(name)){
                  appendInformation("\n"+fromName+"(私聊):"+information);
              }
          }
```

第 8 章 数据库与网络编程综合应用实例

```
            }
            //其他群
            else {
                        diogloMessage(groupName);
            }
        }
    }
}
```

8.11 系统托盘的基本原理及实现

8.11.1 系统托盘的基本原理

1. 实现系统托盘

可以调用 Java 内部已经封装好的 SystemTray 类来进行实现。在 Microsoft Windows 系统下，它被称为"任务栏状态区域（Taskbar Status Area）"。而且系统托盘由运行在桌面上的所有应用程序共享。所以可以通过调用系统的桌面托盘实例来进行具体实现。但是需要注意的是，在某些平台上，可能不存在或不支持系统托盘，在这种情况下，需要先检查系统托盘是否受支持。

2. 实现托盘的图标

TrayIcon 对象表示可以添加到系统托盘的托盘图标。TrayIcon 可以包含工具提示（文本）、图像、弹出菜单和一组与之关联的侦听器。可以通过此类生成托盘图标进而实现对图标事件的处理。

8.11.2 系统托盘的实现

1. 导入相关的包

```java
import java.awt.SystemTray;
import java.awt.TrayIcon.*;
import java.awt.TrayIcon;
import java.awt.event.*;
import java.awt.PopupMenu;
import org.eclipse.swt.internal.win32.OS;
```

2. 声明实现系统托盘所需对象

```java
private SystemTray tray=null; //系统托盘对象
private TrayIcon trayicon=null;//托盘图标对象
```

3. 实现系统托盘实例化方法

```java
public void createSystemTray()
{
    //检查系统托盘是否受支持
    if(!SystemTray.isSupported())
```

```java
            {
                return;
            }
            else
            {
                //获取系统托盘实例
                tray=SystemTray.getSystemTray();
                //加载图标图片,图片位置需与该文件处于同一文件夹位置
                java.awt.Image icon=java.awt.Toolkit.getDefaultToolkit().
                        getImage(getClass().getResource("i.png"));
                String title="easyGo 系统";
                String company="右键单击图标,可以选择菜单";
                // 显示托盘图标实例,createMenu()方法实现右键图标弹出菜单
                trayicon=new TrayIcon(icon,title+"/n"+company,createMenu());
                //使图标大小自适应
                trayicon.setImageAutoSize(true);
                try {
                    //将托盘图标加入系统托盘
                    tray.add(trayicon);
                    trayicon.displayMessage(title, company, MessageType.INFO);
                } catch (AWTException e) {
                    // TODO Auto-generated catch block
                    e.printStackTrace();
                }

                //为图标注册单击事件
              trayicon.addMouseListener(new MouseAdapter()
              {
                  public void mouseClicked(MouseEvent e)
                  {
                      if(e.getClickCount()== 2)//鼠标双击图标
                      {
                      //显示界面,并将界面置顶
                        showAndTopShell();
                      }
                  }
              });
            }
        }
```

4. 重写界面关闭的事件处理,并将createSystemTray()方法加入界面的初始化中

```java
public easygoMainShell(Display display,String username) {
    super(display,SWT.SHELL_TRIM);
    addShellListener(new ShellAdapter() {
        @Override
        public void shellClosed(ShellEvent e) {
            //提示用户是否要退出,还是打算暂时关闭窗口
            boolean  result=MessageDialog.openQuestion(easygoMainShell.this, "信息提示", "你是否要退出系统?");
```

```
                if(result)
                {
                    //断开与服务器连接,系统关闭
                    cout.println("QUIT");
                    offline();
                    System.exit(0);
                }
                else{
                    e.doit=false;//使shell 界面不销毁
                    easygoMainShell.this.setVisible(false);
                }
            }
        });
        createSystemTray();//将 createSystemTray()方法加入界面的初始化中
        ....
}
```

5. 显示界面并置顶界面及右键图标弹出菜单方法的实现

```
private void showAndTopShell()
    {
        Display.getDefault().syncExec(new Runnable(){
            @Override
            public void run() {
                // TODO Auto-generated method stub
                easygoMainShell.this.setVisible(true);
            }
        });
//调用 Windows 系统提供的 API 使界面置顶
OS.SetWindowPos(easygoMainShell.this.handle, OS.HWND_TOPMOST,200, 200, 1024, 620, SWT.NULL);
    }
    private PopupMenu createMenu()
    {
        //创建弹出菜单对象
        PopupMenu menu=new PopupMenu();
        //创建菜单列表项控件,并分别注册单击事件
        java.awt.MenuItem exit=new java.awt.MenuItem("退出");
        exit.addActionListener(new ActionListener(){
            public void actionPerformed(ActionEvent ex)
            {
                //断开与服务器连接,系统关闭
                cout.println("QUIT");
                offline();
                System.exit(0);
            }
        });
        java.awt.MenuItem open=new java.awt.MenuItem("打开");
        open.addActionListener(new ActionListener(){
            public void actionPerformed(ActionEvent ex)
```

```
                {
                        showAndTopShell();
                }
        });
        menu.add(open);
        menu.addSeparator();
        menu.add(exit);
        return menu;          }
```

参考文献

[1] 聂哲，袁梅冷，肖正兴，杨淑萍.Java 面向对象程序设计（第 3 版）[M]. 北京：高等教育出版社，2013.

[2] 袁梅冷，肖正兴，聂哲.Java 应用系统开发实例教程[M]. 北京：高等教育出版社，2013.

[3] 赵新慧，李文超，石元博，冯锡炜.Java 程序设计教程[M]. 北京：清华大学出版社，2014.

[4] 赵满来. 可视化 Java GUI 程序设计——基于 Eclipse VE 开发环境[M]. 北京：清华大学出版社，2010.

[5] 闫迎利，王伟平.Java 网络大讲堂[M]. 北京：清华大学出版社，2011.

[6] （美）哈诺德著. 李帅等译.Java 网络编程（第 4 版）[M]. 北京：中国电力出版社，2014.

[7] 霍斯特曼.Java 核心技术卷 II 高级特性[M]. 北京：机械工业出版社，2014.

[8] 明日科技.Java 从入门到精通（第 4 版）[M]. 北京：清华大学出版社，2016.